CURSO DE QUÍMICA PARA ENGENHARIA
VOLUME I: ENERGIA

CURSO DE QUÍMICA PARA ENGENHARIA
VOLUME I: ENERGIA

MILAN TRSIC
MAÍRA CARVALHO FRESQUI

Copyright © 2012 Editora Manole Ltda., por meio de contrato de edição com os autores.

Projeto gráfico: Departamento Editorial da Editora Manole
Editoração eletrônica: Luargraf Serviços Gráficos Ltda. ME
Capa: Rubens Lima

Dados Internacionais de Catalogação na Publicação (CIP)
(Câmara Brasileira do Livro, SP, Brasil)

Trsic, Milan
  Curso de química para engenharia, volume I: energia /
Milan Trsic, Maíra Carvalho Fresqui. – Barueri, SP :
Manole, 2012. – (Curso de química para estudantes de engenharia)

ISBN 978-85-204-3328-7

1. Energia 2. Prática de ensino 3. Química –
Estudo e ensino I. Fresqui, Maíra Carvalho. II. Título.
III. Série.

11-13785   CDD-540.2462

Índices para catálogo sistemático:
1. Química : Aulas práticas para engenharia 540.2462

Todos os direitos reservados.
Nenhuma parte deste livro poderá ser reproduzida,
por qualquer processo, sem a permissão expressa dos editores.
É proibida a reprodução por xerox.

A Editora Manole é filiada à ABDR – Associação Brasileira de Direitos Reprográficos.

1ª edição – 2012

Editora Manole Ltda.
Avenida Ceci, 672 – Tamboré
06460-120 – Barueri – SP – Brasil
Tel.: (11) 4196-6000 – Fax: (11) 4196-6021
www.manole.com.br
info@manole.com.br

Impresso no Brasil / *Printed in Brazil*

Este livro contempla as regras do Acordo Ortográfico da Língua Portuguesa de 1990, que entrou em vigor no Brasil em 2009.

São de responsabilidade dos autores as informações contidas nesta obra.

Dedico este livro aos meus filhos Carmina, Marcos e Manuel (*in memoriam*).
Milan Trsic

Dedico este livro ao meu marido, companheiro e amigo, Cesar Fresqui.
Maíra Fresqui

AGRADECIMENTOS

Em primeiro lugar, ressaltamos como a Editora Manole, por meio de sua direção e funcionários, cria um relacionamento profissional e, ao mesmo tempo, cordial com os autores, tornando nossa tarefa fluida e agradável.

Somos gratos também ao Instituto de Química de São Carlos da Universidade de São Paulo, que, desde 1978, é o lar acadêmico de um dos autores (Milan Trsic), e ao Instituto de Química da Universidade Estadual de Campinas, onde Maísa Carvalho Fresqui trabalhou nas últimas fases deste primeiro volume.

Ambos os autores foram favorecidos em diversas instâncias por apoio das agências nacionais CNPq, Capes e Fapesp.

Agradecemos também a British Petroleum, que teve a gentileza de autorizar a publicação dos dados da Tabela 3.1 e Figura 5.1

SUMÁRIO

Prefácio XI

Introdução XIX

Preâmbulo XXI

1. O carvão estava no lugar certo, na hora certa 1

2. O petróleo não sairá tão logo 5

3. Etanol e gasolina 9

4. Fotossíntese 19

5. Gás natural 25

6. Óleo diesel 29

7. Hidrogênio 31

8. Celas a combustível 33

9. A energia hidroelétrica é limpa? 37

10. Energia nuclear 39

11. Energias limpas 53

12. O transporte de energia elétrica 61

13. Teoria de bandas e condutividade elétrica. 65

14. O debate sobre as mudanças climáticas 69

15. Comentários iniciais sobre o desastre
nuclear em Fukushima. .73

Notas 75

Sugestões de livros para consulta 79

Índice remissivo 81

PREFÁCIO

Desde 2008, o mundo sofre uma crise econômica e financeira que só admite comparação com a Grande Depressão de 1932. Se as manifestações de alarme começaram em 2007, nos Estados Unidos (EUA), com a falência das hipotecas de casas, o drama há muito estava para ocorrer. Causas? Incompetência de autoridades e bancos, cobiça desenfreada e, frequentemente, simples roubalheira.

A crise se alastrou pelo mundo por causa da enorme importância dos EUA na economia, indústria e comércio mundiais. Não somente por questões de poder e ideológicas, mas muito especificamente também por ser o dólar americano a moeda de troca mundial. Com a crise, os norte-americanos começaram a inundar o mercado com sua moeda, procurando reanimar sua economia. Houve, com isso, a valorização artificial de outras moedas, inclusive do real.

Simultaneamente ao impacto da crise nos EUA, a União Europeia (UE, composta por 27 países) estava gerando sua própria crise, principalmente na chamada zona ou área do euro (países europeus que adotaram o euro como moeda comum), provocada principalmente pelo endividamento excessivo de seus componentes, ao que se chegou, tanto pela incompetência administrativa como, sobretudo, pelos benefícios sociais concedidos além da capacidade produtiva desses países.

Os países europeus fora da zona do euro, principalmente os do Leste Europeu (que até meados do século XX pertenciam à chamada zona soviética), estão falidos. Contudo, com a quase falência da Europa Ocidental, o mundo, por enquanto, ainda não voltou sua atenção para esse outro drama.

Pouco tempo antes da crise, o economista Jim O'Neill criou o acrônimo Bric (Brasil, Rússia, Índia e China; note que a palavra próxima em inglês, *brick*, significa tijolo). A ideia contida era a de um conjunto de países emergentes (o termo em desenvolvimento caiu em desuso), com rápido crescimento econômico, sólida situação financeira e boa administração. O vocábulo fez tanto sucesso que os quatro países atualmente acabaram agindo de certa forma como membros de um clube, tendo como limite, é claro, os interesses de cada um.

Em 2010, a China ultrapassou o Japão e tornou-se a segunda maior economia mundial, depois dos EUA. A Índia, por sua vez, conta com uma indústria pujante, em contraste com sua pobreza iníqua. Já a Rússia está desenvolvendo uma nova economia por meio de privatizações de grande porte, embora ainda dependa muito da exportação de combustíveis fósseis. O Brasil, por fim, também é dependente em grande medida da venda de produtos agrícolas, de minérios, soja e carne para o exterior (produtos também conhecidos como *commodities*), atividade que hoje já não é mais considerada um tabu econômico. O país sul-americano dos Bric é também o segundo produtor mundial de álcool, com origem na cana-de-açúcar, ficando atrás apenas dos EUA, que obtêm o álcool por meio da fermentação de milho. Deve-se notar que essa substância, além de ser um combustível renovável, é um importante insumo para a indústria química.

À medida que os componentes do Bric cresceram nas últimas décadas, guardaram, em maior ou menor grau, bolsões de pobreza e de atraso (no que se refere a saneamento básico, educação, segurança, saúde, etc.). O aumento do consumo interno dos emergentes, incluindo as importações, tem sido um paliativo para a crise econômica mundial. No Brasil, para que esse objetivo seja atendido, estão sendo criados produtos e técnicas que atendam ao novo poder de compra das assim chamadas classes C e D.

Em abril de 2011, incorporou-se ao grupo inicial de quatro países a África do Sul. Além de mudar seu nome de Bric para Brics, pode-se prever certa mudança nas perspectivas econômicas e culturais do grupo. Com certeza a visão dos Brics será mais ampla e sua capacidade de influência mundial aumentará. Salientamos que O'Neill, idealizador do Bric, não considera coerente a inclusão da África do Sul no grupo.

O engenheiro deve conhecer as grandes vantagens que nosso país oferece, bem como os desafios tecnológicos a serem enfrentados. É justo começar pela agricultura, considerando tanto o grande agronegócio como a agricultura familiar, a qual está começando a suceder. As produções agrícola e pecuária vêm sendo a coluna vertebral do crescimento brasileiro (como foram também o alicerce da vigorosa economia norte-americana). O Brasil atualmente é o maior exportador mundial de carne (bovina, suína e de frango).

Nesse ponto, é preciso salientar um paradigma tecnológico e científico: a Embrapa (Empresa Brasileira de Pesquisa Agropecuária, uma empresa da União). Com laboratórios e fazendas espalhados pelo país inteiro, a Embrapa, entre outras coisas, desenvolve pesquisas tecnológicas buscando o melhoramento da produtividade e da qualidade de gado e plantas, praticando até mesmo pesquisas científicas básicas, além de colaborar com a formação de mestres e doutores em parceria com universidades.

Como exemplo de inovação, a Embrapa, em colaboração com a agroindústria, promoveu o programa Proálcool. Em 1976, início desse projeto, havia disponível no mercado apenas um tipo de cana-de-açúcar. Hoje, o Brasil conta com 400 variedades dessa planta, as quais são apropriadas para todo tipo de solo, clima ou praga.

Um outro empreendimento brasileiro, este não estatal, é a Embraer (Empresa Brasileira de Aeronáutica), terceiro fabricante mundial de aeronaves, que possui instalações em São José dos Campos e em Gavião Peixoto, no Estado de São Paulo.

Fundada em agosto de 1969, a Embraer conta atualmente com uma pista de testes de 5 mil metros de comprimento e aproximadamente 95 metros de largura — a maior da América Latina —, construída em Gavião Peixoto. Em 1973, apenas quatro anos após a inauguração, iniciou-se o projeto e a construção de uma aeronave leve voltada para a instrução básica no campus de São Carlos da Universidade de São Paulo (USP), o que culminaria na criação do curso universitário de Engenharia Aeronáutica, em 1999. Logo depois, o Centro Universitário Central Paulista (Unicep), uma instituição particular, também em São Carlos, inaugurou o curso de manutenção de aeronaves. Curiosamente, a pequena cidade de Gavião Peixoto fica a menos de 100 km de São Carlos.

O Brasil foi um discípulo obediente das receitas do Fundo Monetário Internacional (FMI) nas duas décadas anteriores à crise. Não foi esse o caso dos países desenvolvidos, os quais se consideravam acima das ditas boas recomendações para os países subdesenvolvidos. Com a crise de 2008, aqueles foram abalados, enquanto estes, como Brasil, China, Índia e outros países asiáticos, foram afetados com menor gravidade. Tão logo começaram a crescer, atingiram um ritmo avançado sem precedentes, tendo o Brasil como exemplo. Há no mundo grande quantidade de dinheiro em mãos de investidores, os quais estão procurando por lugares seguros onde aplicar seu capital, e um desses lugares atualmente é o Brasil. Parte desses investimentos é especulativa, pois os juros pagos pelo governo brasileiro são altíssimos (o que contribui para o aumento de sua dívida interna). Contudo, recursos para investimentos não deixam de entrar no país.

Esse é um dos motivos que nos levaram a escrever este texto: embora o Brasil tenha crescido como produtor de conhecimento científico e formador de doutores em seu sistema de pós-graduação, a transferência de conhecimento da universidade para o sistema produtivo é modesta; um fenômeno contrário acontece.

A pujança da economia e da indústria, que incluem a Petrobras, hidroelétricas e termoelétricas, novas estradas, portos e aeroportos, está na dianteira, sem mencionar o capital que vem de fora para investimento. Não se sabe quanto tempo durará essa bonança econômica, por isso, o país precisa aproveitá-la de forma ágil. É necessária uma produção muito maior, e de melhor qualidade, de recursos humanos pelas universidades e escolas técnicas. O Brasil precisa de mais profissionais de engenharia com urgência. As universidades parecem impotentes para reagir com a pressa exigida.

Para enfatizar como esse problema é debatido em âmbito nacional, citamos três artigos publicados em 2010 no jornal *O Estado de S. Paulo*: "Escolas demais, engenheiros de menos"[1], de 20 de julho, assinado pelo diretor da Escola Politécnica da Universidade de São Paulo (USP), professor José Roberto Cardoso; "Notáveis criam plano para intervir na engenharia"[2], de 6 de setembro e de autoria da jornalista Lilian Primi; e "MEC revisa graduações e reduz variedade de cursos de Engenharia"[3], de 22 de setembro, também de Lilian Primi, com Mariana Mandelli.

Extraímos da matéria de Lilian Primi, de 6 de setembro, os seguintes índices[4]:

Déficit de engenheiros no país até 2012, segundo a Confederação Nacional da Indústria	150.000
Número de vagas oferecidas pelas 500 escolas de engenharia brasileiras	198.000
Número de engenheiros formados por ano	32.000

Qual é a resposta do sistema educacional? Lentidão e insuficiência. Contudo, quando um país quer crescer, não há impedimentos que o detenham, nem mesmo da parte de seus governantes, dirigentes e instituições.[5] Não se trata apenas de treinamento técnico ou formação de tecnólogos, mas, sim, de ensino superior. Odebrecht e Petrobras são exemplos de empresas que formam profissionais.

No início deste prefácio, traçamos um rápido perfil da situação econômica mundial em que se insere a preparação deste livro. Até então, os Brics, e o Brasil em particular, saíram-se razoavelmente bem da crise mundial. De fato, nosso país tem um ritmo previsto de 6% de crescimento anual do PIB (Produto Interno Bruto). Tão importante quanto esse crescimento é a diversificação e o pioneirismo em várias áreas, como utilização do etanol como combustível, versão *flex* de automóveis, plantio eficiente da cana, aproveitamento da biomassa, construção de centrais hidrelétricas e localização de enormes reservas petrolíferas, geralmente em águas profundas do Oceano Atlântico (em jargão internacional, depósitos *offshore*).

Além dos fatores externos, pois a crise financeira ainda não acabou, temos o chamado custo Brasil: corrupção, burocracia, infraestrutura precária (falta de estradas, portos, aeroportos, linhas férreas e marítimas, etc.) e mão de obra mal preparada, que dificulta o crescimento sustentável do país.

É triste reconhecer, mas estamos longe, provavelmente mais do que países menos ricos da nossa própria América Latina, de resolver problemas de mão de obra qualificada. Podemos nos orgulhar de nossa pós-graduação e nossa produção científica, mas basta que nós nos lembremos de certos parâmetros educacionais na Argentina e no Chile, no que se refere aos níveis primário e médio, para nos envergonharmos.

Em janeiro de 2011, o Brasil começou a abrir as portas para a entrada maciça de engenheiros estrangeiros. Nos jornais, temos informações de 70 mil chineses, 20 mil sul-coreanos, norte-americanos, etc. Essa abertura não é negativa, pois certamente nossas capacidades técnicas e diversidades culturais serão enriquecidas. O Brasil, porém, tem o dever de reagir. Temos pós-graduação e pesquisa científica razoáveis, com papel mais relevante para as instituições de ensino superior públicas. Mas as perspectivas não são animadoras. Os dados do Censo do Ensino Superior divulgados pelo Ministério da Educação indicam que de 2008 para 2009 um total de 896.455 estudantes abandonaram a universidade, dos quais 782.282 provinham de instituições particulares e 114.173 das universidades públicas.[6]

Por outro lado, também há lugar para esperança. Os novos membros da chamada classe C não estão apenas interessados em automóveis e geladeiras. Com grande sacrifício financeiro, estão transferindo seus filhos e filhas da escola pública para a escola privada.[7] Essa louvável iniciativa mostra, ao mesmo tempo, a sede por ensino de qualidade de muitos brasileiros e o desânimo com nossas autoridades educacionais.

INTRODUÇÃO

No prefácio deste livro, mencionamos um artigo publicado no jornal *O Estado de S. Paulo*, em 20 de julho de 2010, o qual foi escrito pelo professor José Roberto Cardoso, diretor da Escola Politécnica da USP[8], e que é encerrado da seguinte maneira: "Quanto aos professores, devem entender que a Engenharia mudou. Está mais centrada na gestão do que no projeto, de modo que a estrutura curricular deve contemplar essa evolução sentida pela nossa profissão".

Como químicos com experiências diversas no ensino dessa área para estudantes de engenharia, sentimos há anos que o sistema não está provendo a forma e o conteúdo ideais que o futuro profissional de engenharia requer[9].

É praxe comum nas escolas ou faculdades de engenharia ministrar química básica durante um a quatro semestres, incluindo eventuais aulas práticas. Os temas costumam ser os mesmos abordados nos cursos de química, mas com menos detalhes: estrutura atômica, soluções, equilíbrio químico, cinética química, termodinâmica química, etc. Esse pacote de informações é de difícil digestão até mesmo para os alunos da área e, portanto, menos atraente ainda e pouco formativo para os futuros engenheiros.

Nós planejamos este texto pensando em elaborar alguns temas que hoje desafiam o engenheiro e o tecnólogo, como energia, materiais e água. Também incluímos informações atualizadas sobre os últimos avanços e as perspectivas previsíveis para cada um dos temas. Além disso, é dada ênfase especial ao desenvolvimento brasileiro e aos problemas que este deverá enfrentar.

À medida que os temas são desenvolvidos, incorporamos noções de química quando pertinentes e necessárias, mas não nos limitamos ao pragmatismo. Sempre que possível, os conceitos inerentes serão comentados; por outro lado, pretendemos dar uma abordagem ampla, não restrita apenas aos temas em que a química tem papel relevante.

Demos também especial atenção ao aspecto de preservação do meio ambiente e de fontes de energia. Enfatizamos os chamados três Rs: Reduzir, Reaproveitar e Reciclar, citando que existem mais Rs envolvidos: Recusar, Reutilizar, Reinventar, entre outros. Analisamos os prós e os contras das diversas formas de produção e de transporte de energia, desde a eólica e a solar, consideradas menos poluentes atualmente, até os combustíveis fósseis, como carvão, gás natural e petróleo.

Merecem destaque os progressos alcançados no nosso país, como o álcool combustível (etanol), o carro a álcool e o carro *flex*, bem como o eficiente agronegócio. Com uma visão própria, também enfatizamos a influência dos poluentes no clima, discutindo e apontando os prognósticos catastróficos que não têm embasamento científico suficiente e assinalando os verdadeiros riscos.

PREÂMBULO

Felizmente, estamos chegando ao fim da produção do *Curso de Química para Engenharia – Volume I: Energia*. São tantos os eventos que se acumulam no mundo que, se não houvesse um limite, ficaria a tentação de expandir prefácios e prólogos.

Quando escrevemos o prefácio para o Volume I, estávamos em meio à crise financeira global; contudo, ninguém se iluda, pois a crise ainda não acabou. Além disso, nesses dias, também surgiram rebeliões e protestos inéditos nos países árabes, – nações com regimes autoritários e distribuição de renda muito injusta. Sem antecipar as possíveis renúncias, poderíamos prever aumento no preço do petróleo; o mercado estava atento. Além disso, uma curiosa notícia: a Exxon não estava encontrando petróleo nos poços da região do pré-sal na Bacia de Santos, a grande esperança do país. Por fim, outro fato em ocorrência: o secretário-geral da ONU, sr. Ban Ki-moon (reeleito), decide se distanciar da luta contra as mudanças climáticas.

Na Editora Manole, já trabalhei (Milan Trsic) com a eficiente e gentil diretora, Daniela Manole, e com seus excelentes funcionários. Há poucos anos, juntamente com a Doutora Melissa Fabíola Siqueira

Pinto, publicamos um livro de fácil leitura sobre química quântica. Destinava-se de forma ampla a todos os estudantes de química, mas também nos esforçamos para que fosse útil para alunos de graduação e pós-graduação. Se tamanha abrangência foi alcançada com sucesso, futuros comentários dirão.

Envidaremos todos os nossos esforços para abordar pontos específicos de interesse do engenheiro (daí a razão de vários autores participantes). Entretanto, o leitor não deve esquecer que estamos escrevendo textos orientados para a química. Todos os autores, sem exceção, têm experiência em ensino de química para engenheiros.

1

O CARVÃO ESTAVA NO LUGAR CERTO, NA HORA CERTA

As primeiras fogueiras foram feitas pelo homem com folhas secas e pedaços de galhos. Os incêndios em florestas também ocorriam por causa de fenômenos naturais ou descuidos.

Ainda hoje se produz fogo nas florestas, ora por causas naturais, ora por acidente ou, ainda, criminosamente provocado. Esse fenômeno também é frequentemente utilizado para substituir um tipo de vegetação por outro ou para dedicar o terreno à pastagem.

Quando se iniciou a Revolução Industrial, ainda no século XVIII, na Inglaterra, e, posteriormente, no resto do mundo, a locomotiva a vapor surgiu onde havia minas de carvão, ou alternativamente, as minas de carvão passaram a ter importância para alimentar as locomotivas a carvão. Podemos usar o termo biológico *simbiose* e perceber que essa simultaneidade não tem nada de surpreendente.

O carvão é um sólido negro formado principalmente por átomos de carbono. A estrutura química é complexa; há muitos anéis de seis átomos, tanto de carbonos benzênicos como de carbonos alifáticos. Na Figura 1.1, desenhamos a estrutura química dos anéis de átomo de carbono encontrados no carvão. Nas Figuras 1.1 (a), (b) e (c), estão representadas as diferentes formas de um anel benzênico; na Figura 1.1 (d), um anel alifático de seis átomos de carbono.

Alifático é a denominação de compostos de carbono em que todas as ligações C-C são simples; as quatro valências do carbono estão ocupadas, seja com outros carbonos, seja com átomos de hidrogênio.

Sendo impossível, por causa da simetria hexagonal da molécula de benzeno, atribuir a dupla ligação a um par de átomos de carbono em particular, entendia-se que a estrutura estaria em ressonância entre as duas alternativas. A estrutura aceita hoje pelos químicos é a indicada na Figura 1.1. (c), com 1 ½ ligação entre cada par de átomos de carbono.

No carvão, as estruturas da Figura 1.1, além de outras, estão condensadas e ligadas de forma complexa, formando moléculas de várias dezenas de átomos.

Os compostos cíclicos de carbono que apresentam esse tipo de ligação química, entre outras características, como benzeno, naftaleno, antraceno e fenantreno, são denominados hidrocarbonetos aromáticos.

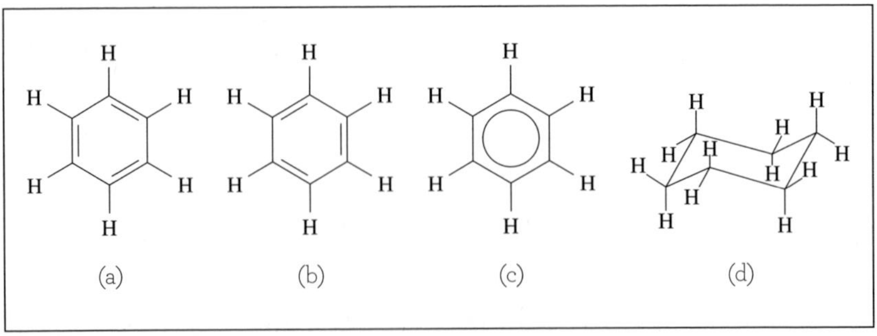

FIGURA 1.1. À esquerda, apresentamos o anel benzênico nas duas formas ressonantes (a) e (b), que a ele podem ser atribuídas e a estrutura hoje considerada válida (c). À direita, temos o anel ciclo-hexano, saturado (d).

Na Figura 1.2, mostramos a estrutura de vários compostos aromáticos. A denominação de aromáticos desta família de compostos cíclicos originou-se do fato de o primeiro membro a ser descoberto, o benzeno, apresentar um aroma agradável. Mas cuidado, não o aspire ou inspire: é extremamente tóxico. Uma característica química comum a todos eles é essa ligação que não é nem dupla nem simples, como no benzeno.

As moléculas aromáticas, tão conhecidas na química orgânica, apresentam grande estabilidade química quando comparadas com estruturas semelhantes não aromáticas, conferidas pelos elétrons conjugados, pelas ligações químicas insaturadas, por pares de elétrons livres ou por orbitais químicos vazios.

Esses compostos ainda apresentam as seguintes características:

- elétrons π deslocalizados;
- estruturas planas;

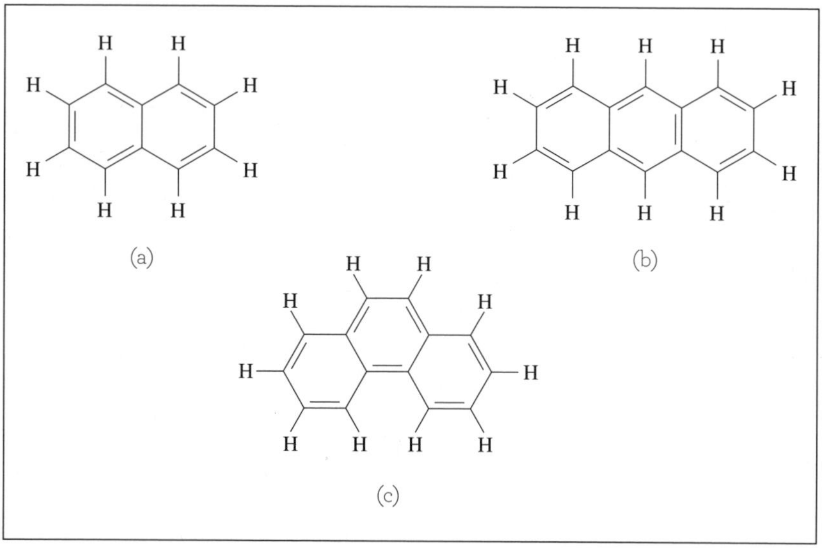

FIGURA 1.2. Estrutura química de (a) naftaleno, (b) antraceno e (c) fenantreno.

- seguem a regra de Huckel, muito útil para determinar se um composto é aromático.

Segundo a regra de Huckel, para um composto ser aromático, ele deve seguir a equação (1.1) abaixo:

$$\text{Número de elétrons } \pi \text{ deslocalizados} = 4n + 2 \tag{1.1}$$

em que n = 1, 2, 3,...

A aplicação principal do carvão é como combustível, em particular, para gerar calor em plantas termoelétricas. A maior parte dessas plantas nos Estados Unidos utiliza carvão. Ao mesmo tempo, esse país tem a maior reserva mundial desse material, com 250.000 milhões de toneladas. Os outros depósitos de carvão de grande porte estão na Rússia, China, Índia e Austrália.

A reserva global de carvão é maior do que a de petróleo. É possível liquidificar o carvão, caso isso venha a ser economicamente interessante.

Há vários tipos de carvão: o tipo mais apreciado é a antracita, dura, de aspecto negro brilhante e preferida para aquecimento de interiores. Outro tipo muito valioso de carvão é a grafite, que não é utilizada como combustível, mas, sim, na fabricação de lápis, como lubrificante e como eletrodo.

2

O PETRÓLEO NÃO SAIRÁ TÃO LOGO

Há uma importante pressão mundial para diminuir nossa dependência de combustíveis fósseis, como petróleo, gás natural e carvão. Muitos malefícios são atribuídos à produção do gás dióxido de carbono (CO_2), pela combustão dos hidrocarbonetos das substâncias mencionadas.

Um hidrocarboneto *saturado* ou *alcano* tem a fórmula química geral dada pela equação (2.1)

$$C_n H_{2n+2} \qquad (2.1)$$

em que n é o número de átomos de carbono.

A denominação *saturado* origina-se do fato de que as quatro valências químicas do carbono estão ocupadas, seja por outros átomos de carbono, seja por átomos de hidrogênio, isto é, existem apenas ligações químicas simples unindo o átomo de carbono a outros átomos. Na maioria das vezes, esses átomos de carbono estão ligados a átomos de hidrogênio ou a outro átomo de carbono, originando a família dos alcanos, a classe mais simples dos hidrocarbonetos saturados.

O alcano de menor tamanho é o metano (CH_4). O próximo da série é o etano (H_3C-CH_3) e posteriormente tem-se o propano ($H_3C-CH_2-CH_3$), e assim por diante.

No caso do petróleo, a composição é principalmente de alcanos, de cadeias entre quatro e doze átomos de carbono. O óleo líquido é tratado em refinarias, onde se faz o *cracking*, ou seja, são produzidas cadeias mais curtas. Dependendo das condições de temperatura e dos catalisadores[10] utilizados, obtêm-se diferentes tipos de combustíveis, por exemplo, gasolina, gás de petróleo, diesel, nafta, etc.

A combustão completa de uma molécula de hidrocarboneto é descrita pela equação (2.2) a seguir:

$$C_nH_{2n+2} + (3n+1/2)O_2 \rightarrow nCO_2 + (n+1)H_2O + calor \qquad (2.2)$$

É possível esperar que países e/ou empresas produtoras de petróleo, gás e carvão defendam a continuação do seu uso, enquanto aqueles que são apenas importadores (como no caso de vários países da Europa Ocidental) têm interesse maior no sucesso de outras fontes de energia. No entanto, o anterior não é óbvio, sendo os interesses econômicos, políticos e ambientais muito imbricados.

O Brasil, depois de se tornar autossuficiente em petróleo, está se convertendo em megaprodutor. Ainda não acabaram as repercussões da descoberta do depósito pré-sal defronte da costa do Rio de Janeiro, no campo de Tupi, e a Petrobrás anunciou em 2010 um depósito ainda maior diante da costa do Espírito Santo, o poço de Libra. Estamos em vias de nos tornar um dos maiores produtores de petróleo do mundo.

Os dois depósitos mencionados no parágrafo anterior encontram-se no Oceano Atlântico, em águas profundas. Em jargão da indústria petrolífera, são denominados depósitos *off-shore*. O depósito de Tupi fica no fundo do oceano, a 2.000 m de profundidade, sendo preciso perfurar mais 5.000 m abaixo das camadas de sal, areia e rochas, ou seja, 7.000 m abaixo da plataforma.

O Brasil é pioneiro na extração de óleo desses poços profundos, contudo deve-se admitir que empresas estrangeiras são chamadas para importantes fases do trabalho de prospecção e extração, como as norte-americanas Halliburton e Baker Hughes, a britânica British Petroleum Group (BP) e a portuguesa Petrogal/Galp, entre outras.

A reserva de Tupi é estimada em 5 a 8 bilhões de barris (bbl, abreviação de *oil barrel*) de petróleo do tipo de alta qualidade (petróleo leve), além de gás natural, o que equivale a 12 bilhões de barris de óleo equivalente (*boe* - medida que inclui óleo e gás)[11]. As reservas totais do planeta são avaliadas em mais de $1,35 \times 10^{12}$ bbl, o que equivale a $2,25 \times 10^{11}$ m³.

Desse modo, o Brasil entrou no grupo de países exportadores de petróleo. Atualmente, os maiores produtores são: Oriente Médio (Arábia Saudita, Iraque, Irã, Kuwait, etc.), Canadá, Estados Unidos, China, Rússia e Venezuela. Além disso, muito petróleo ainda pode ser encontrado, por exemplo, embaixo da costa do Mar Ártico, ainda inexplorado.

As reservas de petróleo do planeta garantem muitos anos de consumo. Se a crise econômica atual perdurar, o consumo poderá até diminuir. Sendo assim, é muito pouco provável que os ambientalistas estritos (radicais?) consigam sua rápida substituição.

Entretanto, ao mesmo tempo, foi o nosso país que iniciou a produção de álcool com a cana-de-açúcar, tornando-se o segundo produtor mundial, atrás dos Estados Unidos. O álcool norte-americano é produzido pela fermentação de milho. Deve ser levado em conta que o álcool, além de combustível, é um importante insumo para a indústria química.

Sendo o álcool menos poluente que a gasolina, à medida que ele substitui o combustível fóssil, a produção de dióxido de carbono diminui. Um estudo detalhado recente, que levou em conta todas as fases de produção e transporte, encontrou que, para carros no Rio de Janeiro, o álcool gera apenas 7,9 e 8,4% do CO_2 produzido por gás natural e gasolina, respectivamente[12].

Um comentário pertinente é que o álcool americano é pesadamente subsidiado pelo governo de lá. Quando da criação do programa Proálcool, em 1976, pelo governo brasileiro, houve subsídios para estimular o início da produção e do consumo.

É interessante observar que, nesses dias de entrada de capitais estrangeiros no Brasil, um dos investimentos mais procurados são usinas para a fabricação de álcool. A procura por terras para o cultivo da cana ou da soja está crescendo de tal forma que o governo brasileiro estuda limitar essas últimas aquisições por parte de estrangeiros.

3

ETANOL E GASOLINA

Não há dúvidas de que o combustível renovável líder no mercado seja o etanol ou álcool etílico (H_3C-CH_2OH), cuja fórmula escrita em forma alternativa é mostrada na Figura 3.1.

Mesmo que o etanol seja uma novidade como combustível de primeira importância, ele é um velho conhecido do homem.

Entre os anos 10.000 e 4.000 a.C., o ser humano aprendeu a comer cereais silvestres. Depois, descobriu que esses podiam ser plantados. Então, teve a ideia de guardar o que sobrou para tempos de escassez. Umidade e leveduras do ar fizeram o resto: a primeira cerveja[13]. E, assim, nossos antepassados conheceram o álcool. Algum tempo depois, descobririam também o vinho.

$$H_3C \diagdown \diagup OH$$

FIGURA 3.1 Estrutura molecular do etanol.

Tudo isso aconteceu no Oriente Médio, onde hoje se encontram países como Egito, Iraque, Irã, Turquia, etc. Não há razão para supor que essa descoberta aconteceu em um único lugar ou em uma única ocasião.

Aos poucos, à medida que protecionismos e preconceitos vão sendo vencidos, muitos países estão praticando a adição de uma parte de álcool à gasolina, a fim de diminuir a poluição por CO_2. A proporção legal varia de país para país, até um máximo de 25%, que é o caso do Brasil. Nos Estados Unidos, por sua vez, já são admitidos 15%.

No entanto, o Brasil é o único país, por enquanto, com uma frota de milhões de carros movidos exclusivamente a álcool, que avança também como combustível para centrais termoelétricas.

A combustão de etanol procede segundo a seguinte reação (3.1):

$$H_3C\text{-}CH_2OH + 3O_2 \rightarrow 2CO_2 + 3H_2O \qquad (3.1)$$

No caso da gasolina, formada por hidrocarbonetos de cadeias curtas, lineares ou ramificadas, a fórmula geral para a combustão (2.2) é válida (certa quantidade de anéis aromáticos também faz parte da gasolina).

Dentre os componentes da gasolina, o de melhor desempenho nos motores é o iso-octano, de fórmula global C_8H_{18}. Na Figura 3.2, são mostradas a fórmula do iso-octano e de vários outros isômeros do octano (omitiremos os átomos de hidrogênio da cadeia). Isômeros estruturais são compostos formados pelos mesmos átomos, mas em diferentes arranjos espaciais e ligações entre os átomos[14].

Foi verificado empiricamente, nos primórdios da fabricação de automóveis, o caráter antidetonante do iso-octano. Essa ainda é uma propriedade desejável, até nos carros mais modernos de hoje. Quando a gasolina entra na cavidade do motor (assim que o motorista acelera), a bateria produz faíscas com frequência determinada por um computador. Gasolina ineficiente acende por compressão, antecipando-e opondo-se ao trabalho dos pistões.

Nesse sentido, o pior comportamento é o do n-octano. Em razão disso, foi criada uma escala em que o iso-octano puro corresponde ao melhor desempenho, e o n-octano puro representa o pior desempenho.

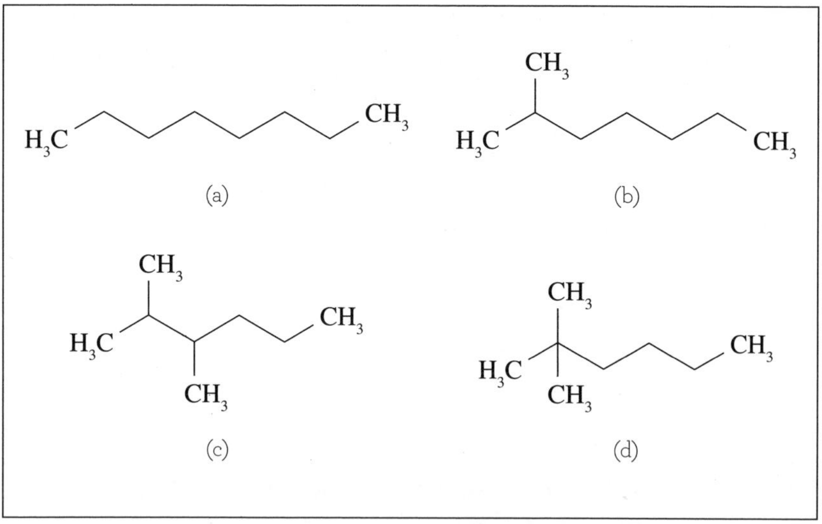

FIGURA 3.2. Alguns isômeros do octano: (a) n-octano (*n* vem de *normal* ou *linear*); (b) 2-metil-heptano (c) 2,3-dimetil-hexano; (d) iso-octano.

No século XX, adicionava-se tetraetil chumbo, $Pb(CH_2\text{-}CH_3)_4$, à gasolina para melhorar sua "octanagem". Essa prática foi quase totalmente abandonada por causa da emissão de gases de chumbo, de alta toxicidade.

A seguir, comparamos gasolina e álcool, em três itens:

i) Eficiência na geração de calor;
ii) Produção;
iii) Geração de poluentes.

Sendo a gasolina uma mistura de hidrocarbonetos, para os cálculos a seguir o octano será usado como representativo.

i) Eficiência na geração de calor

Um mol de octano tem massa de 114,23 g. Dada sua densidade de 0,703 g/L, 1 mol de octano ocupa 162,5 mL. O calor de combustão é de -5.430 kJ/mol. Logo, a combustão de 1 L de octano produzirá -32.810 kJ[15]. Observe que em termodinâmica, a energia *produzida* (liberada) tem sinal negativo, isto é, trata-se de uma reação exotérmica.

No caso do etanol, o mesmo tipo de raciocínio nos leva a concluir que 1 L de etanol produz por combustão -23.425 kJ[16].

Se for levado em conta apenas o calor gerado nos dois casos, será necessário 1,4 L de etanol para produzir o mesmo calor de 1 L de gasolina, sendo, então, a gasolina mais eficiente que o álcool.

A variável entalpia foi definida por Josiah Willard Gibbs, sendo que sua fórmula matemática é a mais usada atualmente para mostrar o conteúdo calorífico de uma substância.

Entalpia (H) é a energia de cada substância participante de uma reação química. A variação da entalpia (ΔH) de um sistema é o calor liberado (reação exotérmica) ou absorvido (reação endotérmica) para ou do ambiente, respectivamente. A transformação ocorre sob pressão constante, e pode ser calculada pela equação 3.2, uma equação termodinâmica.

$$\Delta H_{reação} = \Sigma \Delta H_{produtos} - \Sigma \Delta H_{reagentes} \qquad (3.2)$$

No Sistema Internacional de Unidades (SI), sua medida é em kJ.mol^{-1}.

Existem vários tipos de entalpia, entre elas, entalpia padrão de formação, entalpia de neutralização e entalpia de combustão de uma substância. Como neste livro estão sendo discutidos os aspectos químicos da energia, é dada ênfase apenas à entalpia de combustão, já discutida anteriormente na queima da gasolina e do etanol.

A equação 3.2 é válida para o cálculo de todas as formas de entalpia, seja ela entalpia padrão de formação, de neutralização ou de combustão, entre outras.

Exemplo: Cálculo da variação de entalpia de combustão de 1 mol de etanol (equação 3.2)

$$C_2H_6O(l) + 3O_2(g) \rightarrow 2CO_2(g) + 3H_2O(g) + calor \quad (3.2)$$

O calor que aparece do lado direito da equação corresponde à energia liberada na queima de 1 mol de etanol, a uma pressão constante de 1 atm e a 25°C (condição-padrão de temperatura e pressão), isto é, trata-se de uma reação exotérmica. Para calcular a quantidade de calor envolvida nessa reação, devem-se utilizar os valores das entalpias dos produtos e reagentes por meio da equação 3.2; assim, sabendo que $\Delta H_{C2H6O(l)}$ = -278 kJ.mol^{-1}, $\Delta H_{CO2(g)}$ = -394 kJ.mol^{-1} e $\Delta H_{H2O(l)}$ = -286 kJ.mol^{-1}, temos:

$$\Delta H_{reação} = [2\times(-394)+3\times(-286)] - [1\times(-278)]$$
$$\Delta H_{reação} = [-788+(-858)] + 278$$
$$\Delta H_{reação} = -1368 \text{ kJ.mol}^{-1}$$

A equação acima indica que a variação da entalpia de combustão, ou seja, o calor ou energia liberada na queima do etanol é igual a -1.368 kJ.mol^{-1}.

Vale a pena lembrar que em reações exotérmicas $\Delta H < 0$, por isso, tem-se o sinal negativo para a entalpia de combustão de 1 mol de etanol nas condições-padrão de temperatura e pressão. Para reações endotérmicas, $\Delta H > 0$.

De maneira mais formal, entalpia de combustão é uma variação de entalpia (energia) liberada por meio de uma reação química (reação exotérmica) entre uma substância (combustível) e um gás (comburente, que costuma ser oxigênio) com liberação de calor.

Deve-se observar que, no exemplo acima, ΔH representa a energia liberada na queima de 1 mol de etanol nas condições normais de temperatura e pressão. Dessa forma, podemos pensar nos fatores que influenciam o valor do ΔH. É possível citar:

- *quantidade de reagentes e produtos*: o valor do ΔH de uma reação química varia de acordo com a concentração de cada um de seus participantes. O aumento da concentração dos reagentes provoca um aumento proporcional da variação de entalpia.

Exemplo: anteriormente, foi visto que a combustão de 1 mol de etanol libera 1.368 kJ.mol^{-1}. No entanto, quanta energia é liberada na queima de 2 mols desse combustível? Para responder a essa pergunta, é necessário inicialmente escrever a equação balanceada da reação da seguinte maneira (3.3):

$$2C_2H_6O(l) + 6O_2(g) \rightarrow 4CO_2(g) + 6H_2O(g) + calor \quad (3.3)$$

sabendo-se que $\Delta H_{C2H6O(l)}$ = -278 kJ.mol^{-1}, $\Delta H_{CO2(g)}$ = -394 kJ.mol^{-1} e $\Delta H_{H2O(l)}$ = -286 kJ.mol^{-1}, tem-se:

$$\Delta H_{reação} = [4\times(-394)+6\times(-286)] - [2\times(-278)]$$
$$\Delta H_{reação} = [-1576+(-1716)] + 556$$
$$\Delta H_{reação} = -2736 \text{ kJ}$$

Dessa forma, verifica-se que a quantidade de calor absorvido ou liberado em uma reação química é proporcional à quantidade de mol dos reagentes;

- estados físicos de reagentes e produtos: substâncias no estado sólido provocam variações de entalpia maiores do que no estado líquido, e estas, maiores do que no estado gasoso;
- estado alotrópico de reagentes e produtos: cada estado alotrópico tem um valor de entalpia distinto (estados alotrópicos são variedades possíveis de um mesmo elemento: O_2 e O_3; S_2, S_3, S_8, etc.).

CURIOSIDADE

O carro *flex*, grande inovação brasileira no mercado de automóveis bicombustíveis, permite ao motorista escolher, de acordo com o preço, o combustível que vai colocar no seu veículo, geralmente etanol ou gasolina. Esse tipo de carro é fabricado também em outros países, entretanto, a disponibilidade desses dois combustíveis em todos os postos de abastecimento é apenas uma realidade brasileira.

Países como Estados Unidos usam também o metanol como segundo combustível para seus carros *flex*. Contudo, esse álcool, quando em combustão, apresenta uma chama incolor, tornando-se extremamente perigoso, isto é, não se sabe quando ele está pegando fogo; ao contrário do etanol, que produz uma chama azul.

Vale a pena ressaltar que a cor da chama no processo de combustão não está relacionada com a equação de combustão descrita pela equação (2.2), mas, sim, pela razão entre o número de átomos de oxigênio presente na molécula e o número de átomos de carbono. Conforme segue:

Metanol: um átomo de oxigênio para um átomo de carbono
razão = 1

Etanol: um átomo de oxigênio para dois átomos de carbono
razão = 0,5

O interesse por carros *flex* e, consequentemente, sua venda, vem aumentando a cada ano em vários países. Por exemplo, nos Estados Unidos, a frota já atinge cerca de 6,8 milhões de veículos[17]; no Brasil, chega a 6 milhões[18]; e na Europa, tendo a Suécia na liderança, há 116 mil[19] carros bicombustíveis.

No caso do Brasil, o ajuste da injeção, que é necessária e varia de acordo com a proporção álcool/gasolina presente no tanque do carro, é feito com *software* automotivo desenvolvido por engenheiros brasileiros[20].

Entretanto, veículos bicombustíveis podem utilizar outras fontes de energia, como o gás natural veicular, realidade menos comum no mercado brasileiro.

Em 2006, a Fiat® introduziu no mercado o modelo Siena Tetrafuel, um automóvel desenvolvido com a tecnologia da Magneti Marelli® do Brasil. O Siena Tetrafuel pode operar com 100% de álcool hidratado, com gasolina E25, a mistura oficial do Brasil, gasolina pura (não disponível no Brasil) e gás combustível (GNV); mostrando, assim, o grande interesse dos consumidores por um combustível mais barato e com menor emissão de gases causadores do efeito estufa.

ii) Produção

Como já discutido, há depósitos de petróleo no planeta suficientes para várias décadas, com o ritmo presente de consumo. Apenas para enfatizar esse fato, na Tabela 3.1 são indicados os maiores depósitos conhecidos[21].

Quanto ao álcool, sua produção pode crescer potencialmente o quanto for necessário. Certamente, há muito o que avançar para que esse aumento seja ambientalmente otimizado. Assim, busca-se mi-

TABELA 3.1 As principais reservas de petróleo conhecidas e os principais países produtores[21].

Produção de petróleo* (2009)		Reservas de petróleo (2009)	
	Mil barris diários		Bilhão de barris
1. Rússia	10.032	1. Arábia Saudita	264,6
2. Arábia Saudita	9.713	2. Venezuela	172,3
3. Estados Unidos	7.196	3. Irã	137,6
4. Irã	4.216	4. Iraque	115
5. China	3.790	5. Kuwait	101,5
6. Canadá	3.212	6. Emirados Árabes Unidos	97,8
7. México	2.979	7. Rússia	74,2
8. Emirados Árabes Unidos	2.599	8. Líbia	44,3
9. Iraque	2.482	9. Cazaquistão	39,8
10. Kuwait	2.481	10. Nigéria	37,2
11. Venezuela	2.437	11. Canadá	33,2
12. Noruega	2.342	12. Estados Unidos	28,4
13. Nigéria	2.061	13. Catar	26,8
14. Brasil	2.029	14. China	14,8
15. Argélia	1.811	15. Angola	13,5
16. Angola	1.784	16. Brasil	12,9

* Inclui petróleo bruto, óleo de xisto, óleo de areia e LGNs (conteúdo líquido do gás natural recuperado separadamente).

nimizar drasticamente o emprego de fertilizantes, usar variedades de cana apropriadas aos terrenos de plantio (tipo de solo, pragas, clima), bem como meios de transporte pouco poluidores, e aproveitar materiais menos nobres, como o bagaço.

A fabricação de álcool por meio do uso do bagaço ainda não foi atingida com uma capacidade tecnológica rentável. Mesmo assim, o bagaço não é queimado à toa: os próprios usineiros estão aproveitando esse material para produzir eletricidade.

iii) Geração de poluentes

O produto mais poluente da atmosfera pela queima de um hidrocarboneto, como mostra a equação 2.2, é o dióxido de carbono. Um mol de hidrocarboneto com n átomos de carbono gera n mols de CO_2. Ao mesmo tempo, consome-se oxigênio, o gás utilizado na respiração e que é essencial para a sobrevivência bioquímica humana.

O dióxido de carbono é um dos gases acusados de serem causadores do efeito estufa e das mudanças climáticas que estariam em curso. É justo assinalar que o efeito estufa existia antes da atividade do homem. Os gases responsáveis por ele são o CO_2 e o vapor de água. Nas camadas superiores da atmosfera terrestre, absorvem radiação infravermelha do sol, o que aquece a superfície da terra. Ao longo das idades geológicas, houve períodos glaciais e de aquecimento, variações atribuídas à atividade solar, que não é constante, mudanças do eixo de rotação da terra, órbita elíptica da terra em torno do sol, regiões da galáxia sendo atravessadas e efeito amortecedor das águas dos oceanos. Não é insensato pensar que o efeito estufa salvou a vida na terra em alguns períodos glaciais.

4

FOTOSSÍNTESE

Os estudiosos desta área estimam que o início da fotossíntese se deu no planeta há aproximadamente $3,5 \times 10^9$ anos, e plantas e algas multicelulares teriam seu começo 1×10^9 anos antes de nossa época.

Desse ponto de vista, o álcool tem uma vantagem natural: a fotossíntese. Com efeito, a cana-de-açúcar, como toda planta, para crescer, captura carbono da atmosfera e libera oxigênio. A reação depende da absorção de energia na forma de radiação solar e da presença de clorofila, o pigmento verde das plantas que controla a reação (4.1):

$$6CO_2 + 6H_2O + \text{luz solar} \rightarrow C_6H_{12}O_6 + 6O_2 \qquad (4.1)$$

A molécula de seis átomos de carbono produzida representa um açúcar, composto que será o alimento e reserva energética da planta. Logo, formam-se outras moléculas que dão a estrutura da planta, como celulose e lignina. Dessa forma, uma planta em crescimento acumula o carbono. Por outro lado, plantas já maduras, à noite podem liberar o CO_2 que absorveram durante o dia[22]. Assim, é possível notar a incongruência da proposta de que a floresta amazônica é o pulmão do planeta.

O replante de florestas, sim, consome CO_2; à medida que as árvores crescem, elas precisam de carbono para suas estruturas. A cana-de-açúcar, ao crescer, também consome CO_2. Podemos dizer que, desse modo, o álcool paga um "pedágio" antecipado pelo CO_2 que produzirá quando queimado.

Neste ponto, é pertinente ressaltar que dois países, China e Estados Unidos, são responsáveis por 42% da emissão global de CO_2. Se for acrescentada a União Europeia, atinge-se bem mais da metade da produção do chamado gás do efeito estufa. E, apesar de toda a histeria criada pelos países ricos e pela organização Greenpeace em relação ao desmatamento, ao tema *Salvemos a Amazônia* e a outras denúncias contra nosso país, o Brasil ocupa apenas o 17º lugar entre os países produtores de CO_2[23].

No entanto, não é o caso de desprezar a importância enorme da floresta amazônica. Ela está povoada tanto por tribos ancestrais, como por brasileiros que migraram para lá. Orienta as chuvas, produz húmus no solo, abriga a flora e a fauna, grande em variedade e quantidade, e é um dos maiores depósitos de biodiversidade do planeta.

Há muitos interesses ocultos em nossa Amazônia, sobretudo mais em relação aos minérios do subsolo à biodiversidade. Devemos nos ocupar dela plenamente, em todos os sentidos: populacional, econômico, militar, etc. A Amazônia, tanto quanto o planeta Terra, deve ser respeitada, mas não intocada.

Até nossos dias, o governo brasileiro tem pouca informação e ainda menos controle sobre as atividades de um grande número de organizações não governamentais (ONG) nacionais e estrangeiras. Algumas até financiadas pelo próprio Brasil.

Pode-se perguntar se, com tantos antropólogos, arqueólogos e filólogos das mais diversas procedências, os índios têm mesmo acesso ao conhecimento pleno das vantagens e desvantagens de manter uma vida isolada na floresta ou de se assimilar ao resto dos brasileiros (como muitos já fizeram). Todos sabem das demarcações de terras indígenas, entretanto, tendo em vista a história deste país, podemos até pensar que não são apenas os índios que se beneficiarão delas.

É certa a presença da Funai (Fundação Nacional do Índio) e das Forças Armadas na Floresta Amazônica. Entretanto, o território é tão imenso, e as geografias tão difíceis, que os recursos ficam escassos, denunciando a falta de vontade política do Poder Executivo e dos Estados. Contudo, isso é uma questão política que, embora requeira uma importante avaliação, não será abordada neste livro. Cabe aqui falar um pouco da Amazônia e de outras florestas do ponto de vista da energia ou, mais precisamente, do consumo de CO_2 pelas plantas.

Voltando a falar da fonte de vida, a fotossíntese, na Figura 4.1 são mostradas as fórmulas estruturais de três açúcares da reserva energética das plantas: glicose, manose e frutose, todas com fórmula molecular $C_6H_{12}O_6$. Essas moléculas têm o mesmo papel de fonte de energia para alguns mamíferos superiores, como o homem.

Aldeído é um composto químico-orgânico que se caracteriza pela presença do grupo formila (H-C=O), ligado a um radical alifático (de cadeia aberta ou fechada) ou aromático.

As cetonas são compostos orgânicos caracterizados pela presença do grupamento carbonila (C=O), ligado a dois radicais orgânicos. Apresentam uma fórmula geral R_1-C(=O)-R_2, em que R_1 e R_2 podem ser iguais (cetonas simples ou simétricas) ou diferentes (cetonas mistas ou assimétricas), alifáticas ou aromáticas, saturadas ou insaturadas. R_1 e R_2 podem também estar unidos, compondo um ciclo (cetonas cíclicas). Quando R_1 ou R_2 é um átomo de hidrogênio, tem-se um aldeído.

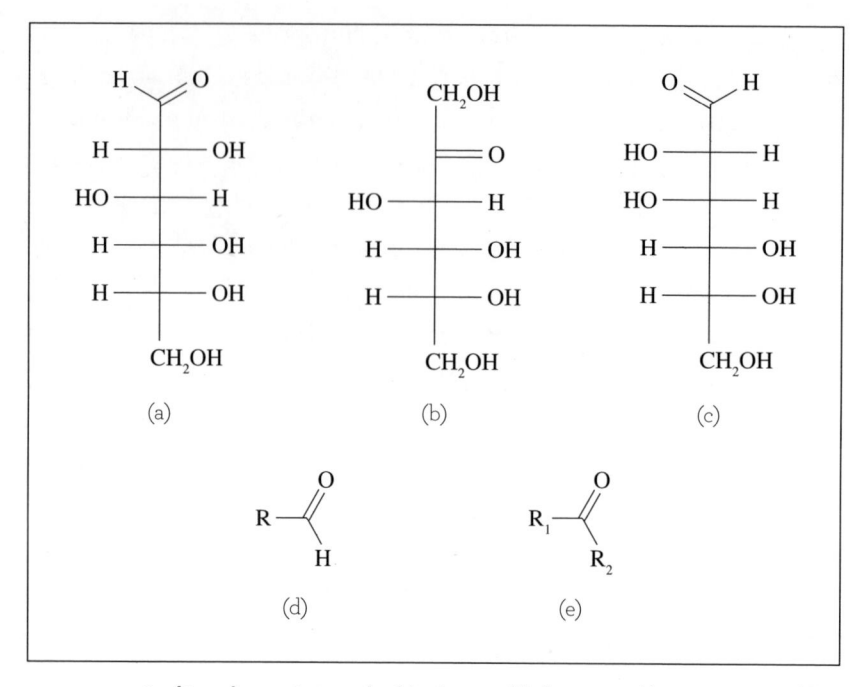

FIGURA 4.1 As fórmulas químicas de (a) glicose, (b) frutose e (c) manose. Em (d) e (e) são mostrados os grupos funcionais aldeído e cetona, respectivamente. R, R1 e R2 simbolizam diversos grupos orgânicos.

O nome genérico das moléculas mostradas na Figura 4.1 é carboidrato. As moléculas possuem vários grupos hidroxila (-OH) ao longo da cadeia, ligados aos átomos de carbono. Também apresentam grupos funcionais, como aldeídos e cetonas.

A molécula de clorofila, presente nas plantas, dá a elas a cor verde. Além disso, a molécula da clorofila, apresentada na Figura 4.2, catalisa a reação de absorção de CO_2, segundo a reação (4.1). Vale lembrar que moléculas de clorofila também podem ser encontradas em algas, cianofíceas e diversos protistas.

A cor verde da clorofila deve-se à forte absorção de energia no espectro eletromagnético, na região do visível, no qual ela absorve principalmente os comprimentos de onda azul e vermelho.

A energia do fóton absorvido não é consumida apenas para a reação, mas também para iniciar um complexo processo de transferência de energia que culmina na síntese de adenosina trifosfato (ATP), principal molécula na provisão de energia para os processos bioquímicos de vegetais e animais. Na Figura 4.3, é apresentada a fórmula da molécula de ATP.

Pode-se observar que a ATP possui um fragmento orgânico, a adenosina, um nucleotídio, e três íons fosfato ligados.

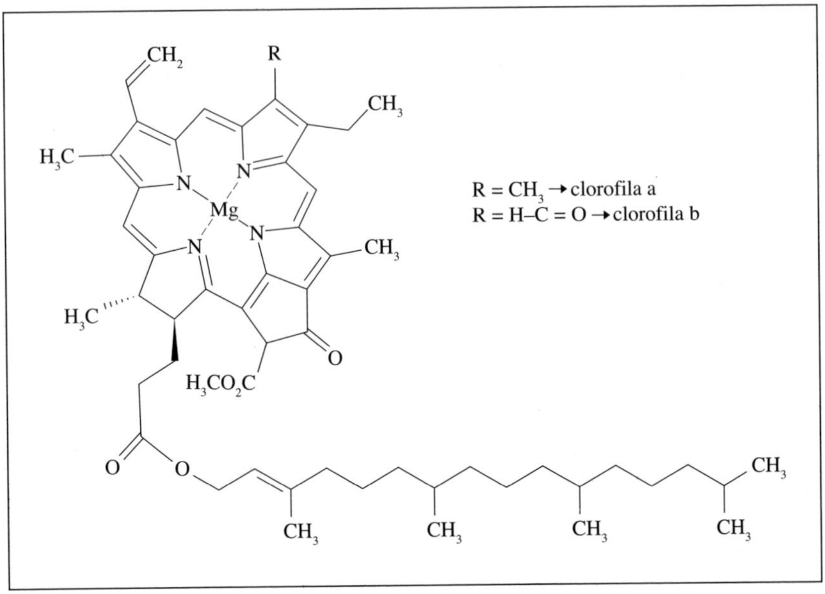

FIGURA 4.2 Estrutura química do pigmento clorofila.

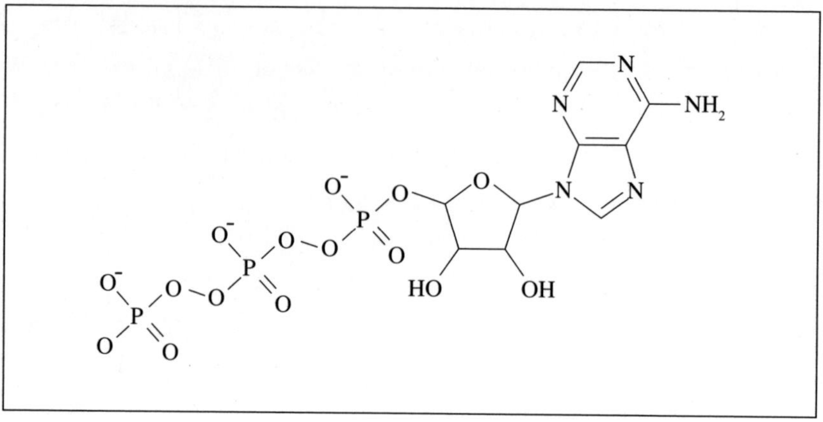

FIGURA 4.3 Estrutura química da molécula de adenosina trifosfato (ATP).

5

GÁS NATURAL

O gás natural é o mais limpo dos combustíveis fósseis; apresenta baixa emissão de dióxido de enxofre (SO_2) e de resíduos presentes na fumaça do processo de sua combustão, o que reduz os impactos ambientais.

É possível encontrar gás natural embaixo de rochas isolantes, em profundidades variáveis. Os depósitos foram formados por degradação de matéria orgânica, principalmente micro-organismos, em tempos pré-históricos. A matéria foi submetida a altas pressões em ausência de oxigênio. O gás natural que pode ser encontrado juntamente com o petróleo, no mesmo reservatório, é chamado de *associated-dissolved*, o que significa que o gás natural está associado ou dissolvido em óleo bruto. Nesse caso, o gás costuma auxiliar na extração do petróleo, e tem pouco uso comercial. O gás natural que acompanha o petróleo pode, inclusive, ser queimado sem ser utilizado. Também pode ser encontrado em reservas apenas de gás, sendo chamado de *non-associated*.

O componente principal do gás natural é o metano (CH_4), que representa 70% ou mais do volume. Possui quantidades menores de etano (H_3C-CH_3), propano ($H_3C-CH_2-CH_3$) e pequenas quantidades de butano (C_4H_{10}), hidrocarbonetos de cadeia aberta. Todos esses gases são excelentes combustíveis. Ele também contém pequena proporção de gás nitrogênio (N_2), e CO_2. Esses dois últimos componentes costumam ser separados antes da utilização do gás.

As aplicações do gás natural são diversas e vão desde a utilização doméstica até a utilização em automóveis, usinas termoelétricas e diversas indústrias.

Os depósitos de gás natural estão espalhados pelo planeta, em um total estimado de $1,81 \times 10^{14}$ m³. Mais da metade dessas reservas encontra-se em três países: Rússia, Irã e Catar.

A equação 2.2 continua válida para o cálculo da energia liberada na combustão do gás natural.

Sua importância como fonte de energia é mundialmente conhecida. Recentemente, vimos a crise vivida pela Ucrânia e pela Bielorrússia, além do medo de alguns outros países europeus em razão do corte no fornecimento de gás natural imposto pela Rússia por questões político-financeiras.

O gás natural é utilizado nos países frios principalmente para consumo doméstico, com o objetivo de aquecer casas e água, assim como cozinhar, mas também é utilizado industrialmente e como combustível automotivo.

O consumo de gás natural varia muito de acordo com cada país. Aqueles com grandes reservas tendem a utilizar mais essa fonte de energia, enquanto países com pouca ou nenhuma reserva tendem a racionar o consumo do gás natural. Na Figura 5.1, é possível ver os principais territórios com reserva natural (a), os principais produtores (b) e os principais consumidores (c) desse gás[24].

Como já falado anteriormente, a queima de combustível libera energia. Viu-se, por exemplo, o calor liberado na queima de 1 mol de etanol e na combustão de 1 L de gasolina. Então, agora, é feita a pergunta: quanto calor é liberado na queima de 1 mol de gás metano

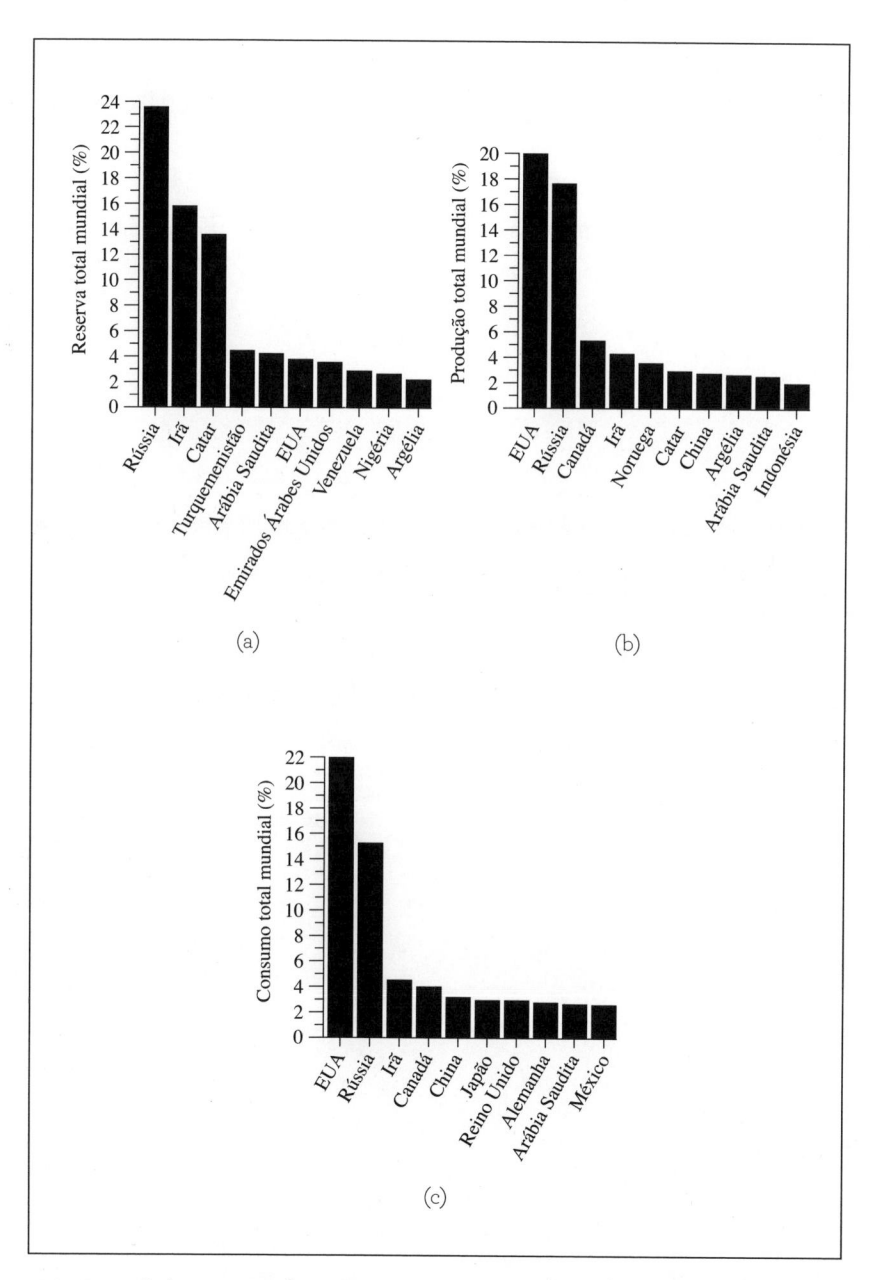

FIGURA 5.1 Países com as dez maiores porcentagens do total mundial de (a) reserva, (b) produção e (c) consumo de gás natural.

(CH_4)?
Exemplo: Qual o calor liberado na queima de 1 mol de gás metano (CH_4)?

Primeiramente, escreve-se a equação balanceada da reação (5.1):

$$CH_4(g) + 2O_2(g) \rightarrow CO_2(g) + 2H_2O(l) + calor \qquad (5.1)$$

Novamente, é aplicada a equação 3.1, e então vemos que o calor liberado na queima de 1 mol de gás metano é igual a $-889,5 \text{ kJ.mol}^{-1}$.

Para pensar: compare o calor liberado na combustão de 1 mol de gás butano (C_4H_{10}, gás de cozinha) com aquele liberado por 1 mol de gás natural.

Lembre-se: entalpia de combustão é a energia liberada na combustão de 1 mol de um composto, desde que todos os participantes da reação estejam no estado-padrão.

6

ÓLEO DIESEL

O óleo diesel é um combustível fóssil, derivado do petróleo, que se constitui basicamente de hidrocarbonetos (composto químico formado por átomos de hidrogênio e carbono). Possui aproximadamente 75% de hidrocarbonetos saturados (parafina) e 25% de hidrocarbonetos aromáticos (naftalenos e alquilbenzenos). O óleo diesel é o resultado dessa mistura, tendo entre 8 e 21 carbonos; em sua composição, tem baixas concentrações de oxigênio, nitrogênio e enxofre.

A queima do óleo diesel libera na atmosfera uma grande quantidade de gases poluentes, conhecidos popularmente como gases responsáveis pelo efeito estufa. Mas esses gases são realmente responsáveis por esse processo? Entre os que também prejudicam a saúde humana, podem ser citados o monóxido de carbono (CO), o monóxido de nitrogênio (NO) e o dióxido de enxofre (SO_2).

No passado, o óleo diesel continha grandes concentrações de enxofre, entretanto, algumas medidas, tanto na Europa quanto nos Estados Unidos e no Brasil, vêm sendo tomadas de modo a limitar ou diminuir a concentração desse composto. Em particular, no Brasil, tem-se o diesel do interior e da capital, com diferentes quantidades de enxofre.

O óleo diesel é muito utilizado em motores de caminhões, tratores, furgões, locomotivas, automóveis de passeio, máquinas de grande porte e embarcações.

Novas fontes de diesel estão sendo desenvolvidas, como o biodiesel, a fim de se diminuir a concentração de gases poluentes.

7
HIDROGÊNIO

O gás hidrogênio (H_2) é mais uma opção de combustível, o que não deve ser confundido com seu emprego em celas a combustível (ver Capítulo 8). Como combustível para motores de combustão interna, tem aplicação semelhante à do gás natural.

O uso de hidrogênio como combustível é vantajoso. Pode ser gerado por hidrólise da água, em um processo aparentemente limpo, por meio de corrente elétrica. De fato, o grau de limpeza dependerá da forma de obtenção da energia elétrica.

O acoplamento de energia eólica (ver Item 11.1) com planta de geração de hidrogênio por hidrólise é uma opção possível e uma alternativa às fontes de energias mais poluentes.

No entanto, as expectativas, e até promessas, da indústria automobilística de dez anos atrás estão se apagando. O custo de produção do carro a hidrogênio é dez vezes maior que o de um carro elétrico, que ainda é muito caro, se comparado ao movido a gasolina ou álcool.

Ainda há problemas difíceis e dispendiosos de armazenamento, transporte e rendimento do gás hidrogênio. Em algumas cidades do mundo, ônibus a hidrogênio são utilizados. É claro que para as cidades é vantajoso, sendo o produto da combustão somente a água.

Há um entusiasmo maior no que se refere ao carro elétrico, seja a bateria, seja alimentado na rede. Também há o carro híbrido: elétrico e a energia solar, ou elétrico e a combustível.

O carro elétrico não produz CO_2 pelo escapamento, mas transfere a produção para as plantas termoelétricas, que emitem CO_2 pela chaminé, ou seja, se o carro elétrico vingar, mais plantas hidroelétricas ou termoelétricas deverão ser construídas, com seu devastador impacto humano e ambiental.

Em certo sentido, levando-se em conta a concentração urbana sempre crescente no mundo, essa transferência de CO_2 de megalópoles com ar irrespirável para regiões pouco povoadas, em que são normalmente construídas as plantas termoelétricas ou hidroelétricas pode ser aceita no futuro. Pelo menos a poluição produzida por carros diminuiria nas cidades. Restaria ainda a queima de carvão para aquecimento (Pequim), incineração de lixo (Santiago do Chile) e indústrias diversas.

É bom o leitor ficar alerta. Um dos mitos vendidos é que a eletricidade é uma energia limpa. Isso até é verdade, mas somente aquela que chega até você.

8

CELAS A COMBUSTÍVEL

A julgar pelas apresentações de automóveis mais recentes, tanto o carro a hidrogênio como o veículo movido por cela a combustível não parecem fazer muito sucesso com os fabricantes. Pode-se acrescentar que essas duas últimas fontes de energia estão um tanto ausentes do noticiário no que tange a outras de suas aplicações, como a alimentação energética de residências, por exemplo.

A situação é extremamente dinâmica, com competições no campo econômico, tecnológico e até mesmo político, e os competidores são justamente países, empresas, prestígios e tradições.

A volatilidade das propostas tecnológicas inovadoras sofre pressão de fatores como efeito estufa, mudanças climáticas e aquecimento global. Parece ter sido criado um desespero no sentido de acabar com o uso de combustíveis fósseis. Como já foi antecipado no Capítulo 2, embora as inovações estejam sendo bem recebidas, os combustíveis fósseis permanecerão em uso ainda por muitas décadas. No Capítulo 14, o tema em debate mundial das eventuais mudanças climáticas e o grau de participação do ser humano nelas será discutido.

Voltando ao tema das inovações para automóveis, o carro elétrico e os modelos híbridos (elétrico e gasolina ou elétrico e painéis solares) parecem ganhar terreno.

Quanto aos carros de acesso para um grande número de pessoas, seguiremos por um tempo ainda com a gasolina e o álcool, a combinação de gasolina com álcool, o diesel e o gás natural.

A cela a combustível é um artefato engenhoso, o qual merece ser descrito. Nesse aparato, utiliza-se uma reação química para gerar uma corrente elétrica. O combustível para as primeiras celas foi o gás hidrogênio. Esse gás ainda é usado, mas outras opções estão sendo criadas, principalmente as celas a metanol (CH_3OH).

Também existe a alternativa da chamada reforma a vapor do etanol. Sua reação está representada nas equações (8.1) e (8.2.) a seguir:

$$C_2H_5OH + H_2O \rightarrow 4H_2 + 2CO \quad \Delta H = +57 \text{ kcal/mol} \quad (8.1)$$

$$CO + H_2O \rightarrow CO_2 + H_2 \quad \Delta H = -10 \text{ kcal/mol} \quad (8.2)$$

Esse processo não é simples do ponto de vista químico, por ser necessário o rompimento de uma ligação C-C do etanol.

A cela a combustível é um sistema termodinamicamente aberto, já que recebe tanto o combustível (H_2, por exemplo) como o oxigênio de fontes externas. Esse processo é contrário ao realizado na bateria comum, a qual consiste em um sistema fechado que armazena energia elétrica em forma química.

Quando se usa gás hidrogênio, a reação total (8.3) da cela é:

$$H_2 + \tfrac{1}{2}O_2 \rightarrow H_2O + \text{energia elétrica} \quad (8.3)$$

CELAS A COMBUSTÍVEL

Eis um caso de combustão no qual não se produz dióxido de carbono. Não podemos qualificá-lo de totalmente limpo, dado que nele se emprega platina ou níquel como catalisador.

Na Figura 8.1, são mostrados os componentes básicos de uma cela a combustível. A direção da corrente elétrica gerada e o transporte dos íons estão indicados. Também estão expostas as meias reações que ocorrem no cátodo e no ânodo (8.4 e 8.5, respectivamente).

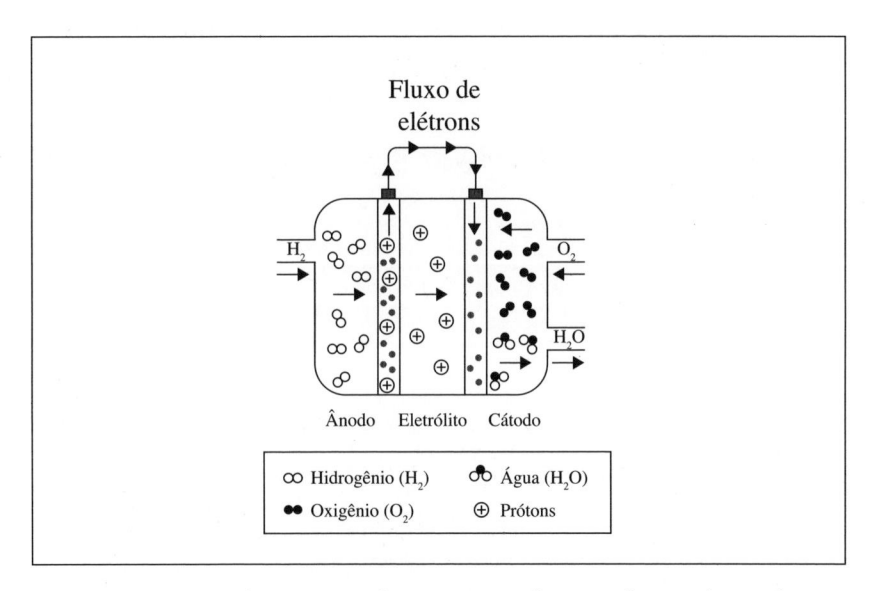

FIGURA 8.1 Esquema da estrutura e funcionamento de uma cela a combustível.

Ânodo: $H_2(g) \rightarrow 2H^+(aq) + 2e^-$ (8.4)

Cátodo: $1/2 O_2(g) + 2H^+(aq) + 2e^- \rightarrow H_2O(g)$ (8.5)

Quimicamente falando, o hidrogênio (combustível) é oxidado no ânodo da célula de combustível (Figura 8.1). Nesse processo, utiliza-se um catalisador de platina, que produz dois elétrons e dois prótons, H⁺ (reação 8.4). Posteriormente, os elétrons produzidos pela reação de oxidação do hidrogênio são transportados através de um circuito elétrico e utilizados para produzir trabalho (corrente contínua). Por sua vez, os prótons produzidos na reação anódica são transportados do ânodo para o cátodo, através do eletrólito. No cátodo, o oxigênio reage com os prótons transportados através do eletrólito e com os elétrons provenientes do circuito elétrico (reação 8.5). O produto final da reação que ocorre no cátodo é o vapor de água.

Já no caso das celas que utilizam metanol, esse processo, sim, produz dióxido de carbono (reação 8.6):

$$CH_3OH + 3/2\ O_2 \rightarrow CO_2 + 2H_2O + \text{energia elétrica} \qquad (8.6)$$

9

A ENERGIA HIDROELÉTRICA É LIMPA?

A obtenção de energia hidroelétrica está crescendo e vários países estão construindo barragens, a China está à frente nesse processo. Lá, a central de Três Gargantas, no Rio Yangtzé, quando concluída, será a maior do mundo, superando a de Itaipu, no Rio Paraná, entre Brasil e Paraguai.

A água, ao cair das barragens, ou quando simplesmente flui para níveis mais baixos, faz as turbinas rodarem, gerando eletricidade; ou seja, energia potencial é transformada em energia cinética e logo em energia elétrica. Como ainda não possuímos meios de reserva de energia elétrica de alta capacidade, as represas programam a abertura de comportas para os períodos de aumento de consumo.

Mais uma vez, fala-se do sol, o gerador inicial. O calor do sol provoca a evaporação das águas que precipitam de locais altos, permitindo o acúmulo de energia potencial para ativar as turbinas das represas.

A energia hidroelétrica certamente é renovável, mesmo perdendo ainda em aplicação para os combustíveis fósseis. Contudo, podemos considerá-la limpa? A construção das represas tem um custo humano desastroso. Milhões de seres humanos são deslocados de suas moradias, lavouras, ambiente, às vezes, milenar.

Além do impacto humano, causa danos enormes à flora e à fauna das áreas tomadas pelas águas da represa. Inclusive, terras cultivadas ou florestas podem ter sido transformadas em solo inundado.

Será possível criar alguma nova tecnologia que aproveite as diferenças de níveis, sem a necessidade de acumular grandes volumes de água nas represas?

Outra possibilidade, certamente proveniente do passado recente (ou do presente), é a construção de pequenas centrais hidroelétricas perto de centros consumidores, como bairros ou casas.

9.1. O USO DE HIDROELETRICIDADE ESTÁ AUMENTANDO

Podemos ter esperança de que, no futuro, o tratamento dado às populações deslocadas será adequado; e a compensação, satisfatória. Somente na China, há dezenove hidroelétricas de mais de 2.000 MW em construção, e outras ainda estão sendo planejadas no mesmo país.

O grau de dependência de diferentes países da energia hidroelétrica certamente varia de acordo com a disponibilidade de água e também da geologia do terreno, da geografia, de recursos financeiros apropriados e, também, sem dúvida, das escolhas políticas.

Alguns países obtêm praticamente toda sua eletricidade de hidroelétricas, a Noruega, seguido por Brasil, com 86%, e Canadá e Venezuela com mais de 60%. É bom que seja dito que a eletricidade que não tem origem em plantas hidroelétricas provém de termoelétricas ou centrais nucleares.

Um caso especial é o Paraguai, que obtém toda a sua eletricidade de Itaipu e ainda vende o restante para a Argentina e para o Brasil; isso se dá pelo acordo, entre Brasil e Paraguai, de divisão da produção da planta de Itaipu.

10

ENERGIA NUCLEAR

A utilização da energia nuclear também está em crescimento. Há países na Europa que dependem pesadamente dela. Outros, em estágio pouco avançado de tecnologia, por razões políticas, de prestígio ou futuras necessidades, tentam adquirir o conhecimento para o processo de produção de energia por meio de plantas nucleares.

Se há um tipo de energia que conseguiu quase unanimidade em rejeição por grupos ambientalistas atuantes, a energia nuclear é ou foi uma delas. O fato de ainda não existir um destino apropriado para os resíduos das plantas nucleares pesa. Por milhares de anos, esses resíduos continuam perigosos se entram em contato com seres vivos, água, solo ou ar.

Controversa, a energia nuclear passou a ter destaque na mídia por estar, na maioria das vezes, envolvida em guerras, contaminações e grandes desastres. Contudo, a energia nuclear também traz benefícios, como a geração de energia, que pode substituir a gerada por hidroelétricas (também alvo de críticas em razão do grande impacto ambiental causado pela construção de suas plantas, conforme abordado no Capítulo 9).

Há a memória de dois acidentes graves: o pior foi o de Chernobyl, em 1986, na ex-União Soviética. Essa região hoje faz parte da Ucrânia, terra arrasada, onde ninguém se aventura. O outro foi em 1979, em Three Mile Island, Estados Unidos. As autoridades, no entanto, costumam manipular e ocultar informações. Quantos acidentes menores não foram reportados?

Para completar os fatores de rejeição, há a lembrança histórica das bombas lançadas pelos americanos em Hiroshima e Nagasaki.

Também existe uma coincidência instigante: dos seis países com maior número de plantas nucleares, quatro são potências nucleares.

Não se pode esquecer da importância da radioatividade na medicina, na agronomia, nas indústrias, etc. Entretanto, isso não será discutido neste livro, afinal, o interesse é apenas no poder de produção da energia do ponto de vista químico e suas aplicações na engenharia.

A energia nuclear, vilã no passado por causa do lixo tóxico gerado, dos acidentes já citados e recentemente pelo vazamento da usina de Fukushima, no Japão[25], além do uso em bombas atômicas, passou gradativamente a ser defendida por ecologistas por não gerarem gases de efeito estufa, sendo, assim, uma forma de combater o chamado aquecimento global. Entretanto, como no caso da energia do hidrogênio, a energia nuclear só é limpa no processo final. Não se pode esquecer de todos os processos envolvidos na sua obtenção.

No Brasil, a produção de energia por meio de reações nucleares vem sendo desenvolvida desde 1950 pelo programa nuclear brasileiro e posterior construção da Central Nuclear Almirante Álvaro Alberto, formada pelo conjunto das usinas nucleares Angra 1, Angra 2 e Angra 3 (em construção), de propriedade da Eletronuclear, subsidiária das Centrais Elétricas Brasileiras - Eletrobras.

10.1. COMO SE OBTÉM A ENERGIA NUCLEAR

A energia nuclear está no núcleo dos átomos, nas forças que mantêm unidas as partículas subatômicas. É libertada sob a forma de calor e energia eletromagnética pelas reações nucleares. Ao contrário das reações químicas tradicionais, que ocorrem na eletrosfera e que foram discutidas nas seções anteriores, a reação nuclear ocorre nos núcleos dos átomos.

A energia nuclear é aproveitada por meio da conversão do calor emitido na reação em energia elétrica. Tem-se, ainda, duas formas de obter energia nuclear: por meio da fissão nuclear, em que o núcleo atômico se subdivide em duas ou mais partículas, e por meio da fusão nuclear, na qual ao menos dois núcleos atômicos se unem para formar um novo núcleo. Mas há de se lembrar: as duas formas produzem energia.

10.1.1. Fissão nuclear

Na fissão nuclear, núcleos pesados e instáveis, como o do urânio-235, desintegram-se para formar novos núcleos, mais leves (de massas comparáveis) e estáveis, por exemplo, após a colisão da partícula nêutron nele, liberando grandes quantidades de energia e também outras partículas radioativas, como as partículas α, β e radiação eletromagnética γ, que serão discutidas mais adiante.

Quimicamente falando, temos, pela lei de conservação de energia, que a soma das energias dos novos núcleos com a energia liberada para o ambiente deve ser igual à energia total do núcleo original, isto é, a energia dos produtos mais a energia liberada deve ser igual à energia do reagente.

Uma reação nuclear bastante conhecida nos dias de hoje é o bombardeamento do ^{235}U por partículas de nêutrons, em que esse urânio se transforma em ^{236}U, núcleo instável que sofrerá fissão produzindo diferentes núcleos mais leves, por exemplo, a formação de átomos de bário e criptônio, mostrados na reação (10.1) ou outros átomos, mostrados na reação (10.2).

$$^{235}_{92}U + ^{1}_{0}n \rightarrow ^{236}_{92}U \rightarrow ^{139}_{56}Ba + ^{95}_{36}Kr + 2\,^{1}_{0}n \qquad (10.1)$$

Se houver outros núcleos de ^{235}U próximos, eles podem ser atingidos pelos nêutrons produzidos na fissão anterior e, assim, produzir uma reação em cadeia, formando diferentes produtos; por exemplo, átomos de estrôncio e xenônio, mostrados na reação (10.2). As reações em cadeia costumam liberar grande quantidade de energia.

$$^{235}_{92}U + ^{1}_{0}n \rightarrow ^{139}Xe + ^{95}Sr + 2\,^{1}_{0}n + 198 MeV \qquad (10.2)$$

Existem ainda outras reações de fissão nuclear bastante utilizadas atualmente: as fissões dos núcleos de plutônio e tório.

10.1.2. Fusão nuclear

A fusão nuclear é o processo no qual dois ou mais núcleos atômicos se juntam, formando outro núcleo de maior número atômico. Essa reação requer muita energia para acontecer, mas libera muito mais energia do que consome, tendo então, como resultado final, a produção de energia.

Apesar da grande liberação de energia, ainda está em construção o primeiro reator desse tipo na Europa, não sendo possível ainda controlar a reação de fusão nuclear com a mesma (relativa) segurança que acontece com a fissão. Dessa forma, não entraremos em detalhes aqui sobre esse tipo de obtenção de energia.

10.2 ISÓTOPOS E RADIOISÓTOPOS

Antes da descrição das usinas nucleares e seu impacto econômico e ambiental, pode ser útil para alguns leitores não familiarizados com o assunto uma breve revisão sobre o tema.

Na região do universo que podemos observar, existem aproximadamente cem elementos químicos diferentes, com propriedades específicas e nomes e símbolos dados pelo homem. Fala-se aproximadamente porque, de tempos em tempos, os cientistas conseguem criar novos elementos cada vez mais pesados, com números atômicos em torno de cem ou mais.

As propriedades químicas dos vários elementos são definidas pelo número de prótons (carga positiva) em seu núcleo. Para os átomos neutros, isto é, com carga zero, o número de prótons é igual ao número de elétrons que estão em torno do núcleo como uma nuvem de carga negativa. Observa-se que as cargas positivas e negativas são denominações arbitrárias. A evidência experimental é que cargas opostas se atraem e cargas iguais se repelem.

Em 1869, o químico e físico russo Dmitri Ivanovich Mendeleev (1834-1907) ordenou os elementos conhecidos naquela época em uma tabela que chamamos de tabela periódica dos elementos. Essa tabela é apresentada no final do livro.

O número atômico é o número de prótons no interior do núcleo atômico. Como a carga do próton é igual a +1, o número de prótons é igual à carga total do núcleo, +Z. Estamos utilizando aqui unidades atômicas (u.a.); nesse sistema, a carga do próton é +1, e a do elétron, -1. O número atômico caracteriza um dado elemento químico, como uma impressão digital.

No átomo neutro, de carga Z = 0 u.a., o número de elétrons é igual ao número de prótons, mas um átomo pode perder elétrons, formando um íon positivo ou cátion. Assim, o íon Na^{+1} e o íon Ca^{+2} são íons estáveis dos elementos sódio e cálcio, respectivamente.

O átomo também pode ganhar elétrons para aumentar a sua estabilidade na natureza, formando íons negativos ou ânions. É o caso de F^{-1} e de S^{-2}, íons negativos dos elementos flúor e enxofre, respectivamente.

O que ocorre é que a natureza muitas vezes prefere átomos ou espécies ionizadas, em razão de sua estabilidade, sendo essa forma dos elementos químicos mais abundantes do que a dos seus respectivos átomos neutros. O sódio e o cloro são exemplos notórios desse tipo de situação. O cloreto de sódio, NaCl, o sal de mesa comum, muito estável, é na verdade uma ligação iônica entre o Na$^+$ e o Cl$^-$, ou seja, Na$^+$Cl$^-$. Os íons são mantidos unidos por atração eletrostática de Coulomb entre as partículas com cargas opostas. Quando o sal é dissolvido em água, ele se dissocia em seus respectivos íons, Na$^+$ e Cl$^-$, e não nos elementos Na e Cl.

Há também os átomos com carga zero, que a natureza prefere. É o caso dos átomos chamados de gases nobres: He (hélio), Ar (argônio), etc. Esses gases receberam esse nome porque na época em que foram descobertos não se associavam a outros elementos para formarem compostos.

Dentro do núcleo atômico existem, ainda, outras partículas elementares que chamamos de nêutrons e que possuem carga zero e massa ligeiramente superior a do próton. Um dado átomo, caracterizado pelo número de prótons, pode ter um número variável de nêutrons.

Em grego, a palavra isótopo significa: *iso* (mesmo) e *topos* (lugar), isto é, os isótopos ocupam o mesmo lugar na tabela periódica. Sabemos que os isótopos de um elemento químico contêm o mesmo número de prótons, mas diferentes números de massas atômicas. A diferença nos pesos atômicos resulta de diferenças no número de nêutrons, ou seja, os isótopos são átomos que possuem a mesma quantidade de prótons, mas não a mesma quantidade de nêutrons.

O caso mais típico de isótopos é o do átomo de hidrogênio (H), que possui três diferentes isótopos: o prótio, que tem apenas um próton e nenhum nêutron (^{1}H), o deutério, D, com um próton e um nêutron (^{2}H) e o trítio, T, com um próton e dois nêutrons (^{3}H).

ENERGIA NUCLEAR

O caso do hidrogênio é muito especial, porque D tem aproximadamente o dobro da massa de H, e T tem quase a massa de três átomos de H (as massas do próton e do nêutron são semelhantes).

Na Tabela 10.1, são apresentadas as massas de alguns átomos selecionados e seus isótopos. A massa do átomo na natureza é a média ponderada dos isótopos componentes.

TABELA 10.1 Número atômico, número de massa e número de nêutrons de alguns isótopos.

Isótopo	Número atômico (= número de prótons)	Número de massa	Número de nêutrons
Hidrogênio-1 (prótio)	+1	1	0
Hidrogênio-2 (deutério)	+1	2	1
Hidrogênio-3 (trítio)	+1	3	2
Hélio-3	+2	3	1
Hélio-4	+2	4	2
Carbono-12	+6	12	6
Carbono-13	+6	13	7
Carbono-14	+6	14	8
Nitrogênio-14	+7	14	7
Nitrogênio-15	+7	15	8
Oxigênio-16	+8	16	8
Oxigênio-17	+8	17	9
Oxigênio-18	+8	18	10
Urânio-235	+92	235	143
Urânio-238	+92	238	146
Cobalto-59	+27	59	32
Cobalto-60	+27	60	33

Podemos representar os isótopos de duas maneiras:

i) Nome do elemento, seguido por um hífen e pelo número de núcleons (prótons e nêutrons) no núcleo atômico. Exemplos: ferro-
-57, urânio-238, hélio-3;
ii) O número de núcleons é escrito como um prefixo sobrescrito do
símbolo químico. Exemplos: ^{57}Fe, ^{238}U, ^{3}He.

Os radioisótopos, por sua vez, são um tipo especial de isótopo. Alguns dos isótopos de elementos químicos são instáveis por nature-za. Eles emitem radiação em um ou vários passos, transformando-se em um isótopo estável do elemento que lhe deu origem.

Os tipos de radiações que podem ser emitidos são:

a) Partículas α, denominação do núcleo de um átomo de hélio (He), ou seja, o íon He^{2+}. Essa partícula é formada por dois prótons (p) e dois nêutrons (n), mantidos juntos por forças nucleares. Quando um núcleo perde uma partícula α, seu número atômico diminui em duas unidades (dois prótons são perdidos), então, um novo elemento é formado. No caso particular do urânio, tem-se a seguinte reação (10.3).

$$_{92}U \rightarrow {_{90}Th} + {_{2}He}. \qquad (10.3)$$

Ao mesmo tempo, a massa é reduzida em quatro unidades, como mostrado na reação (10.4.)

$$^{238}U \rightarrow {^{234}Th} + {^{2}He} \qquad (10.4)$$

b) Radiação β^- é a denominação para a emissão de elétrons (e). A designação decaimento β abrange também a emissão de pósitrons, β⁺. Pósitrons têm a mesma massa dos elétrons, porém carga oposta (+1).

A emissão de um elétron produz o fenômeno da transmutação. Explicando-o em termos simples, o elétron emitido é proveniente de um nêutron, assim, um próton extra permanece no interior do núcleo, e um novo elemento atômico é formado. Por exemplo, esse processo transforma o elemento césio (Cs) em bário (Ba), dado pela reação (10.5).

$$_{55}Cs \rightarrow {}_{56}Ba + e^- \qquad (10.5)$$

c) Radiação γ (gama) é uma radiação eletromagnética de alta energia. A radiação eletromagnética, ou espectro, está classificada de maneira arbitrária em diversos tipos. Em uma ordem crescente de energia ou frequência (ou em ordem decrescente de comprimento de onda), temos: ondas de rádio, micro-ondas, radiação infravermelha (IV), radiação visível, ultravioleta (UV), raios X e raios gama. A luz visível é um pequeno fragmento de todo o espectro. O limite entre os raios X e os raios gama não é bem definido, e a escolha desse limite depende das diferentes finalidades.

Os espectros visível e ultravioleta correspondem à absorção de luz (fótons) por átomos e moléculas para atingir níveis mais altos de energia. Após um curto período, o átomo, ou molécula, emite de volta a luz absorvida.

No caso dos raios gama, o processo é semelhante, mas a absorção e emissão de radiação se dão por causa de excitações dos núcleons no interior do núcleo.

A diferença de energia entre os processos descritos nos dois últimos parágrafos é substancial. Enquanto a energia da radiação gama é na faixa de 100 keV, o espectro visível envolve energias de apenas algumas unidades de eV.

Nada impede que um isótopo emita mais de um tipo de radiação simultaneamente.

Os isótopos de H, D e T são um único caso em que diferentes isótopos de um átomo têm nomes distintos. De He em diante, o elemento tem um único nome. No caso de reações nucleares, é importante diferenciar esses isótopos. Faz-se isso por meio dos símbolos explicados anteriormente. Por exemplo, para o isótopo 235 do urânio, escreve-se $^{235}U_{92}$. O subscrito diz que existem 92 prótons, e o sobrescrito é a soma do número de prótons com o número de nêutrons, ou seja, 92+143.

A tabela periódica foi um guia para os químicos desde a sua criação e ainda é uma excelente ferramenta para o ensino e a racionalização de propriedades atômicas. Átomos na mesma coluna, isto é, da mesma família, tendem a ter propriedades muito semelhantes. Por exemplo, os átomos de metais alcalinos (coluna que começa com, Li, Na, etc.) são metais muito reativos, que têm tendência para formar mono-íons positivos (Li^+, Na^+,...). Os halogênios (F, Cl,...) são não metais; muito reativos, tendem a formar íons negativos (F^-, Cl^-,...) ou moléculas diatômicas (F_2, Cl_2,...).

Dessa forma, torna-se claro que os átomos não precisam ser sempre entidades eletricamente neutras. Se o número de elétrons é menor que o número de prótons, eles são os íons positivos ou cátions. Se o número de elétrons supera o de prótons, eles são os íons negativos, ânions.

Nos dias de hoje, com dispositivos eletrônicos cada vez mais sofisticados, um grupo de elementos torna-se crucial. Esses são os elementos terras raras, que incluem os metais escândio (Sc), ítrio (Y) e o grupo dos lantanídios, que começa com o lantânio (La), seguido pelo cério (Ce), etc. Esses elementos são incorporados a materiais luminescentes, supercondutores, magnetos e baterias. Após a Segunda Guerra Mundial, os principais produtores eram a Índia, o Brasil, a África do Sul e a Califórnia. No entanto, após a China começar a produzir esses elementos a preços muito baixos, quase todos os outros produtores perderam o interesse, embora as terras raras, como são conhecidos, sejam importantes para dispositivos militares. Atualmente, a China é praticamente o único produtor de elementos terras raras; os outros países estão começando a desenvolver ou reabrir mineração.

Abordamos esse caso com algum detalhe, já que a reciclagem de equipamentos eletrônicos descartados se torna rentável e é uma necessidade urgente. Atualmente, existem centros de reciclagem no Japão, uma vez que se estima que esse país tenha cerca de 300 mil toneladas de terras raras aproveitáveis em dispositivos eletrônicos descartados.

Vale a pena comentar que os chineses jogaram um pouco (ao modo "gato e rato") com as terras raras, impondo várias restrições à sua produção e exportação. No entanto, não levaram o jogo ao extremo de deixar as potências ocidentais sem fornecimento de terras raras; deixaram-nas apenas um pouco apreensivas.

10.3. AS USINAS DE URÂNIO-235

Talvez, explicando o funcionamento das usinas nucleares, será possível desmistificar algumas questões aparentemente cruciais. A reação nuclear (ver equações 10.6 e 10.7) tem a finalidade principal de aquecer a água para formar um vapor quente. O vapor, em seguida, aciona uma turbina, que então aciona um gerador elétrico. Dessa forma, o objetivo da fábrica é produzir eletricidade. Um processo similar é realizado em termoelétricas, em que o calor é gerado pela queima de carvão, petróleo ou gás natural. No caso de usinas hidroelétricas, a energia usada para ligar o gerador é a gravidade (energia potencial, transformada em energia cinética), em vez de calor.

As usinas nucleares têm cerca de 35 a 40% de eficiência, o que significa que essa mesma quantidade de calor é transformada em eletricidade. As usinas termoelétricas são semelhantes, têm 40 a 45% de eficiência.

Deixando de lado as diferentes fontes de calor em usinas nucleares e termoelétricas, os processos de engenharia e instalações têm muito em comum. A água que flui nos circuitos da usina nuclear deve estar livre de contaminação radioativa.

Assim, os riscos decorrentes das usinas nucleares são os acidentes e as sabotagens. Uma desvantagem crítica é o problema, ainda sem grande solução, da eliminação dos resíduos nucleares. As centrais nucleares não têm qualquer relação com armas nucleares. No entanto, há uma tendência de potências nucleares (Estados Unidos, Rússia, China, Grã-Bretanha e França) confiarem pesadamente nessas usinas para gerar energia.

As usinas nucleares utilizam fissão nuclear, principalmente de urânio-235. Sendo assim, o isótopo $^{235}U_{92}$ é o combustível para a usina nuclear. Na natureza, o urânio tem quase 99,3% da proporção de isótopos 238, apenas 0,7% de ^{235}U e uma pequena quantidade do isótopo 234.

Um país interessado em construir uma usina nuclear precisa de acesso ao urânio, seja de suas próprias minas, seja importado. Pelo menos 25 países ao redor do mundo possuem minas de urânio. Tanto quanto se sabe, as maiores minas de urânio estão no Canadá, Austrália e Cazaquistão.

Para servir de combustível para usinas nucleares, o urânio precisa ser enriquecido, de modo a ter uma proporção de 3 a 5% do isótopo 235. Esse processo de aumento da proporção do isótopo 235 é altamente exigente em termos tecnológicos, além de ser caro.

O processo usual é transformar quimicamente todo o urânio para produzir a molécula de UF_6. Esse composto, na fase gasosa, é submetido a etapas sucessivas de ultracentrifugação. A pequena diferença de massa entre os isótopos 235 e 238 (cerca de 1,26%) está na origem de uma corrente lenta de separação por centrifugações sucessivas, que tornam possível o enriquecimento do urânio.

O processo em uma usina nuclear pode ser descrito da seguinte maneira: o urânio-235 emite espontaneamente nêutrons; quando enriquecido a 3,5%, o nêutron emitido tem a possibilidade de atingir outro átomo ^{235}U. Esse evento inicia uma reação em cadeia com a emissão de energia e mais nêutrons em cada etapa.

Assim, a primeira reação nuclear é a absorção de um nêutron pelo isótopo ativo:

$$^{235}U_{92} + n \rightarrow {}^{236}U_{92} \qquad (10.6)$$

O isótopo 236 formado é instável, e se divide em duas novas espécies e energia:

$$^{236}U_{92} \rightarrow {}^{144}Ba_{56} + {}^{89}Kr_{36} + 3n + 177 MeV \qquad (10.7)$$

Os nêutrons liberados podem atingir outros átomos se a reação em cadeia for iniciada. Deve-se tomar cuidado para que a reação em cadeia não fique fora de controle. O processo é organizado como uma sequência contínua de reações nucleares.

A equação anterior é um exemplo, mas existem outras vias pelas quais pode haver a fissão do átomo de urânio.

Cautela também é necessária ao se lidar com radioisótopos para fins médicos. Sempre que possível, devem-se escolher radioisótopos de curta duração. Por exemplo, o iodo-131 é utilizado em testes da glândula da tireoide e tem meia-vida de oito dias. Por outro lado, o mesmo isótopo é um grande perigo de contaminação radioativa, após uma explosão atômica.

Radioisótopos continuam a emitir radiação por diferentes períodos. Por exemplo, a meia-vida de ambos, césio-137 e estrôncio-90, é de cerca de 30 anos. O Cs, um metal alcalino, pode ser tomado como potássio (K) por seres vivos, sendo absorvido nos processos metabólicos, matando-o por dentro. Quanto ao estrôncio radioativo, o corpo o absorve e o deposita nos ossos, em razão de sua semelhança com o cálcio. Essa propriedade é aplicada em alguns tipos de terapia contra o câncer.

Recentemente, os presidentes da Rússia (Dmitri Medvedev) e dos Estados Unidos (Barack Obama) assinaram um acordo cosmético para reduzir o arsenal de armas nucleares. Ambos os países mantêm milhares de bombas, então, a certeza da destruição mútua permanece. De alguma forma, isso tem funcionado desde os anos 1950 até o momento. Frequentemente, se ouve que tal poder de destruição é suficiente para eliminar várias vezes a vida na terra. Na verdade, para tal fim, apenas uma vez é suficiente.

11

ENERGIAS LIMPAS

Em comparação com as fontes de energia que foram descritas até aqui, as que serão abordadas a seguir podem ser consideradas limpas. Entre elas, está a energia cinética, a qual pode ser gerada por ventos, pelas águas dos oceanos ou ainda por fontes de água quente ou vapor originados abaixo da superfície terrestre.

11.1. ENERGIA EÓLICA

A energia eólica é conhecida pela humanidade desde, aproximadamente, os anos 200 a.C, quando os agricultores da antiga Pérsia perceberam que podiam utilizar, de alguma forma, a força dos ventos para auxiliá-los na moagem dos grãos e no bombeamento de água. Com isso, eles criaram a primeira forma de moinho de vento. Esses moinhos, similares a um cata-vento, foram utilizados até o século XII, época em que começaram a surgir os moinhos para farinha no formato que conhecemos e que é utilizado até hoje em países como Inglaterra, França e Holanda, entre outros.

No entanto, essa tecnologia passou a ser usada para a geração de eletricidade apenas no final do século XIX, sendo que somente em

1970, com a crise internacional do petróleo, houve interesse e, por conseguinte, investimentos suficientes para viabilizar seu desenvolvimento e a aplicação de equipamentos em escala comercial.

Na medida que algumas tecnologias de geradores eólicos de eletricidade avançam, acarretando redução nos custos, surgem repentinamente novos empreendimentos que envolvem os moinhos de vento, conforme empresas de porte variável vão encontrando, de alguma forma, brechas adequadas para sua inserção.

Os preços da energia elétrica produzida a partir dessa fonte competem favoravelmente com os de pequenas usinas hidro ou termoelétricas.

A costa Norte e Nordeste do Brasil está repleta desse tipo de instrumento. A região litorânea no Sul do país certamente será ocupada também. No entanto, para tudo há um custo. Já existem queixas de turistas por causa do ruído e da deterioração da paisagem causados pela operação do sistema. De fato, estas são duas formas de poluição que ainda não haviam sido abordadas neste livro.

Neste caso em particular, uma alternativa que nos parece viável é instalar os moinhos afastados da costa.

Embora haja muitos moinhos instalados pelo país, quando comparado com alguns países mais desenvolvidos, como Estados Unidos, Alemanha e Espanha, o Brasil ainda engatinha na produção de energia eólica, com uma geração de 338,5 MW/ano, ocupando a vigésima quarta posição no *ranking* dos países que utilizam esse tipo de energia. A Figura 11.1 compara os maiores produtores de energia eólica e o Brasil.

CURIOSIDADE

Nosso planeta é como um organismo vivo. É difícil introduzir corpos estranhos (os moinhos de vento) sem provocar alguma reação. Quem poderia imaginar que as pás dos moinhos matariam morcegos de vá-

ENERGIAS LIMPAS

rias espécies e em grande número durante a noite. Os morcegos são predadores de insetos, que, por sua vez, atacam plantações. Dessa forma, as lavouras ficaram prejudicadas.

O que fazer? Aumentar a quantidade de agrotóxicos? Instalar alarmes ultrassônicos para os morcegos? Ou instalar os moinhos no mar?

Novos parques eólicos estão sendo construídos em Pernambuco, além dos já existentes no Ceará e em Fernando de Noronha, locais pioneiros nesse tipo de energia no Brasil. Inclusive, uma fábrica de turbinas eólicas foi instalada em Pernambuco, sede também do Centro Brasileiro de Energia Eólica, mostrando, assim, o grande interesse do país na produção desse tipo de energia. É curioso como nossa procura por fontes de energia menos poluentes nos leva ao passado, mais exatamente ao tempo em que os combustíveis fósseis ainda não

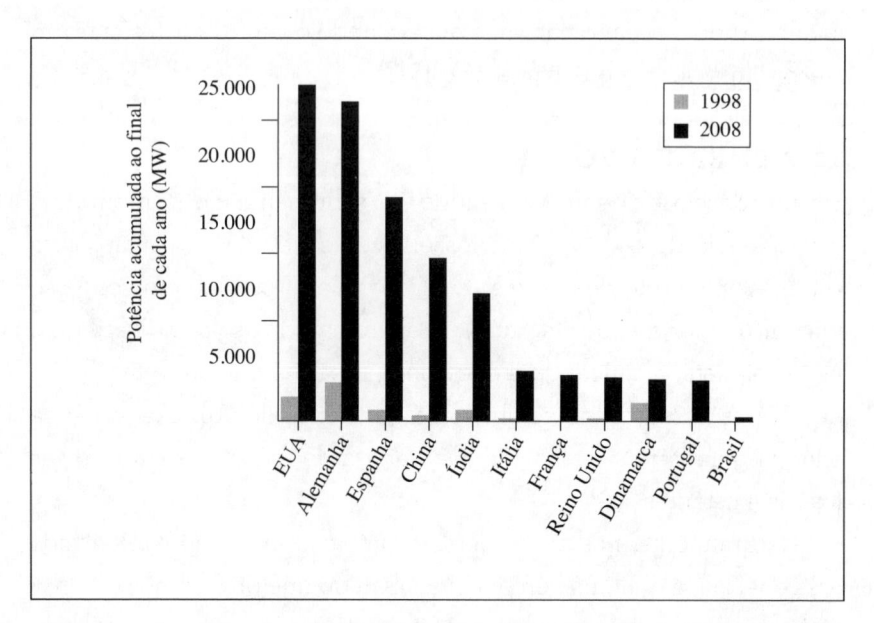

FIGURA 11.1 Aumento na produção de energia eólica nos maiores 10 países produtores, além do Brasil, entre 1998 e 2008.

Fonte: Centro de Referência para Energia Solar e Eólica Sérgio de Salvo Brito.

tinham tomado o controle da Terra. Isso vale especialmente para o transporte. Alguns de nós se lembram do romântico bonde elétrico e do confortável trólebus. Esses meios de transporte deverão voltar, junto com os trens do metrô e os ônibus movidos a hidrogênio.

Podemos prever que muitas soluções por vir serão simples, sendo baseadas nos projetos do passado. Um exemplo é justamente a volta da energia dos ventos inflando as velas.

Mas o que há de mais limpo e barato se não a energia eólica direta, sem ser transformada em eletricidade? São navios de propulsão mista, velas e petróleo (por exemplo). Esses navios existiam e ainda existem, seja para treinamento ou para lazer.

Eis uma bela perspectiva para o transporte marítimo. Isso sem esquecer que a energia eólica pode ser aproveitada também para meios de transporte por rio, lago, terra e ar. Qual piloto de avião que esteja sobrevoando o oceano não sabe que, quando o vento está a seu favor, a economia de combustível é maior?

11.2 ENERGIA SOLAR

Há um desejo evidente no sentido de a humanidade diminuir sua dependência de combustíveis fósseis, como petróleo e carvão, para sua principal fonte de energia (embora aqueles que lucram com isso tentem manter a situação atual). A energia da luz solar que atinge o nosso planeta, alcançando a atmosfera, o solo e a água, é tão grande para os nossos padrões que em alguns anos de utilização total da energia gerada por essa luz já superaria a de todos os combustíveis fósseis existentes.

Naturalmente, nós não sabemos como capturar e aproveitar toda essa energia, a qual, na verdade, vai além do que precisamos. O progresso poderá mostrar que outras fontes de energia talvez continuem a ser mais práticas para determinados fins.

Desde os tempos antigos, o homem utiliza a luz solar para iluminar ambientes ou para aquecer materiais e espaços. Os engenheiros e arquitetos modernos criam espaços iluminados, telhados que captam energia solar, reservatórios de água posicionados de modo a serem aquecidos pelo sol e construções orientadas de edifícios que levam em consideração a posição do sol no céu durante o ano.

Como temos visto, a energia vinda do sol pode ser aproveitada de diferentes modos e em diferentes níveis em todo o mundo, dependendo da posição geográfica do país em que é utilizada. A princípio, quanto mais perto da Linha do Equador, mais energia pode ser captada.

Assim, além da utilização da luz solar para aquecimento direto e iluminação natural de ambientes, ou até mesmo simplesmente para esquentar materiais (até água), há meios de captar os raios de sol e armazená-los previamente, transformados em energia elétrica. Depois, segue-se a distribuição dessa energia de forma controlada.

Esforços por parte dos cientistas de diversos países estão fazendo com que as placas captoras de energia solar sejam cada vez mais eficientes e tenham menor custo de implantação. Só assim essa forma de energia limpa se tornará viável.[26]

As usinas de energia solar estão sendo construídas em várias partes do mundo, por exemplo, a usina que se encontra no deserto de Mojave, na Califórnia, com uma capacidade total de 354 MW. A Usina Solar Fotovoltaica de Serpa, em Portugal, lá chamada de Central Solar, tem capacidade instalada de 11 MW, o suficiente para abastecer cerca de oito mil habitações. Já na Austrália está sendo instalada uma usina de 154 MW, capacidade para o consumo de 45 mil casas. Com isso, a redução na emissão de gases que causam o efeito estufa atingida ao se utilizar essa fonte de energia limpa será de 400 mil toneladas por ano.

11.2.1. Energia solar fotovoltaica

A energia solar fotovoltaica é obtida por meio da conversão direta da luz em eletricidade.

Esse tipo de energia surgiu por interesses diversos, como da área de telecomunicações, por exemplo, mas principalmente por causa da "corrida espacial".

Atualmente, os sistemas fotovoltaicos, que eram muito caros de se usar no passado, vêm sendo utilizados em instalações remotas e têm possibilitado vários projetos sociais, agropastoris, de irrigação e de comunicação.

A transformação da energia solar em energia elétrica é feita através do que se conhece por efeito fotovoltaico.

O efeito fotovoltaico ocorre em materiais semicondutores, que serão explicados com mais detalhes adiante. O material mais usado para se atingir bom rendimento é o silício dopado com fósforo.

11.3 SISTEMAS HÍBRIDOS

Os sistemas híbridos são aqueles que, desvinculados da rede convencional, apresentam várias fontes de geração de energia, como turbinas eólicas, geração a diesel, módulos fotovoltaicos, etc. A utilização de diferentes formas de geração de energia para um mesmo propósito (máquina, veículo) requer planificação e estruturas complexas e de alto custo. É necessário um controle de todas as fontes para que haja máxima eficiência na entrega da energia para o sistema.

Em geral, os sistemas híbridos são empregados para esquemas de médio a grande porte, acabando por atender um número maior de usuários. Uma vez que trabalha com cargas de corrente contínua, esse tipo de sistema também apresenta um inversor. Por causa da grande complexidade de arranjos e da multiplicidade de opções, a forma de otimização do sistema se torna um estudo particular para cada caso.

No Brasil, já se incentiva o uso do sistema híbrido energia solar-energia elétrica para o aquecimento de água em escala doméstica.

Também têm-se desenvolvido veículos bicombustíveis, isto é, automóveis *flex*, os quais podem ser empregados por décadas ainda e sobre os quais já se discutiu neste livro. Foi lançado recentemente no Brasil um carro movido a eletricidade e gasolina. Porém, o seu preço ainda não é competitivo.

11.4 ENERGIA DAS MARÉS

Decidimos incluir aqui a energia das marés por causa de suas semelhanças com a hidroeletricidade comum. As marés são um fenômeno induzido pela gravidade imposta pela lua, que atrai as águas do mar e do oceano em regularidade já bem conhecida. O fluxo de água obtido com isso é utilizado em turbinas para gerar eletricidade em ambas as direções do fluxo da maré. Esta não é ainda uma solução muito competitiva, mas está crescendo lentamente.

Podemos, por analogia, considerar o movimento da água das correntes oceânicas. Esta seria uma alternativa cara, com a desvantagem de que as eventuais mudanças climáticas poderão alterar o seu curso atual.

Podemos mencionar também a energia das ondas. As ondas do mar são formadas pelos ventos. O comportamento dessas ondas não é muito coeso, mas já existem algumas tentativas comerciais de se utilizar essa fonte geradora de energia.

11.5 SÃO MUITAS AS SOLUÇÕES LIMPAS

De fato, nenhuma solução será perfeitamente limpa. Mesmo a mais perfeita delas não poderá fugir à segunda lei da termodinâmica. Por outro lado, sempre pode haver uma surpresa no caminho de um método; pode surgir uma etapa intermediária que desvirtue os benefícios do processo.

Vivemos momentos de transformação. Há pessoas que querem abolir o uso do petróleo, embora essa tarefa seja difícil de ser consumada em apenas um século. As mais diversas e criativas tentativas estão em curso. Aos poucos, haverá seleção e escolhas. Muitas soluções serão compatíveis; já outras, não.

11.6 AS MEGALÓPOLES

Conhecemos os debates existentes envolvendo temas como a utilização de um solo para o plantio de uma espécie ou de outra ou até mesmo o seu uso voltado para a pecuária. Além disso, haverá conflito entre terrenos residenciais e terras cultiváveis.

Algumas cidades foram planejadas, outras já cresceram de modo caótico. O que se percebe, contudo, é que atualmente há o desejo de se corrigir o que pode ser corrigido e mudar as diretrizes daqui em diante.

Um fenômeno de difícil correção é o crescimento em altura, isto é, construção de edifícios altos sem aumentar a área da cidade: trânsito lento, ar de péssima qualidade. A isso somam-se o acúmulo de lixo, esgoto não tratado, bueiros entupidos, construções ilegais e precárias, moradores de rua, assaltos a pedestres, a motoristas e a casas, transporte público insuficiente, etc.

Consideremos agora a cidade do futuro, a qual os arquitetos certamente já conceberam e estão construindo em vários lugares do mundo. Nela haverá transporte coletivo dentro do economicamente viável, já que será possível caminhar até os muitos serviços oferecidos nas proximidades. Os prédios não terão mais de quatro andares, dispondo apenas de um elevador para as necessidades especiais. As paredes captarão energia solar, e a água da chuva será utilizada de acordo com as suas propriedades.

Além de canteiros com belas flores, árvores frutíferas serão plantadas, assim como hortas que serão cuidadas por cidadãos responsáveis.

12

O TRANSPORTE DE ENERGIA ELÉTRICA

Antes de abordar o tema do transporte de energia elétrica, há algo a se pensar: a criação de diversas centrais geradoras de energia menores próximas aos centros de consumo.

Com frequência, o centro produtor de eletricidade encontra-se afastado do centro consumidor. O Brasil é um exemplo disso, com usinas hidroelétricas localizadas longe das zonas urbanas ou industriais, por exemplo, a usina de Itaipu e a distância que ela está da Região Sudeste. O transporte de eletricidade acaba sendo tão importante quanto a sua produção.

Os melhores condutores elétricos conhecidos são os metais prata (Ag), com condutividade de 63×10^6 S.m^{-1} (S é o símbolo para Siemens), e cobre (Cu), com 60×10^6 S.m^{-1}. Por causa da sua abundância e preço, esse último é usado mundialmente.

O cobre é um metal pesado, com densidade d = 8,94 g/cm^3. Os cabos de Cu devem ter diâmetro suficiente para suportar o fluxo de corrente elétrica, além de estarem cobertos por isolantes eficientes. Ainda, por razões de segurança, eles devem ser suportados por torres a vários metros de altura.

Resumindo, o transporte de eletricidade é um problema *per se*, em razão de alto custo, manutenção e grandes perdas por resistência ao longo do percurso, além da possibilidade de sabotagem. Dadas essas desvantagens, há procura por outras soluções, as quais serão descritas a seguir.

Há materiais que se tornam supercondutores a temperaturas extremamente baixas, próximas do zero absoluto (0 K). Um supercondutor transporta elétrons praticamente com resistência zero, minimizando as perdas de energia durante o transporte.

Pesquisadores, há muito, têm se esforçado para obter materiais que sejam supercondutores a temperaturas mais altas. Isso tem, em primeiro lugar, um interesse científico intrínseco, já que levaria a mais um passo no controle da matéria. Em segundo lugar, teria um interesse prático enorme se forem vislumbrados os ganhos possíveis para o transporte de energia elétrica.

12.1 CONDUTORES NÃO METÁLICOS

Uma outra perspectiva é o emprego de polímeros orgânicos condutores. Na Figura 12.1 são mostradas estruturas de três desses polímeros: (a) poliacetileno, (b) polipirrol e (c) polianilina. São materiais mais leves do que os metais e se convertem em condutores elétricos quando dopados com pequenas quantidades de outras substâncias. Os dopantes mais comuns são o boro (B), o arsênio (As) e o fósforo (P).

Esses materiais ainda não são utilizados como condutores elétricos. No entanto, já têm aplicação de primeiríssima importância em materiais eletroluminescentes e células solares.

Outro tipo de material utilizado para tais fins consiste nos chamados metais unidimensionais. Eles ganharam esse nome pelo fato de serem condutores elétricos apenas em uma direção. Nas direções perpendiculares, são isolantes ou semicondutores. Certamente, trata-se de materiais altamente ordenados, condutores apenas no sen-

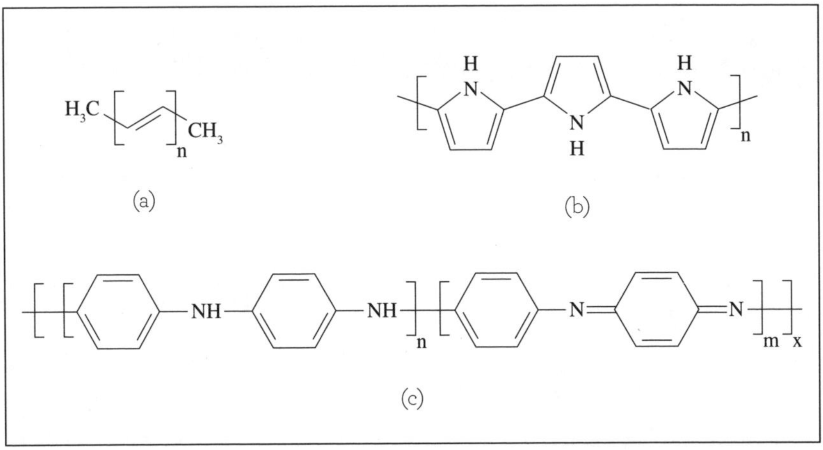

FIGURA 12.1 Estrutura química dos polímeros orgânicos: (a) poliacetileno, (b) polipirrol e (c) polianilina.

tido das fibras do polímero. Um exemplo desse tipo de material é o polímero não orgânico politiazilo $(SN)_x$.

Esse material conta com propriedades especiais. Ele tem uma condutividade elétrica próxima à do cobre, não precisando de dopantes como nos outros casos. Por essa capacidade recebe o nome de condutor intrínseco. Ainda, o $(SN)_x$ se torna supercondutor a baixas temperaturas.

Nenhum material, nem antiga nem atualmente, aponta uma mudança radical do uso do cobre como condutor de eletricidade a grandes distâncias, mas as pesquisas mencionadas, além de outros estudos, abrem caminhos futuros e frequentemente levam a inovações em áreas para as quais não foram projetadas.

O transporte de energia elétrica sem fio certamente é possível. Foi demonstrado por Nikola Tesla, no período de 1893 a 1894, e conta com embasamento na teoria eletromagnética. As tentativas continuam. O objetivo é transferir quantidades significativas de energia elétrica entre pontos distantes.

13

TEORIA DE BANDAS E CONDUTIVIDADE ELÉTRICA

A teoria de bandas, aplicável aos sólidos, permite uma visão dos conceitos de condutor, semicondutor e isolante para a condução elétrica. Para quem enfrentará desafios nessa área, essa teoria também fornece uma boa ideia intuitiva das propriedades desejáveis nos diversos casos.

A Figura 13.1 contém uma representação da estrutura dos níveis eletrônicos de três tipos de sólido: (a) isolante (vidro ou cimento), (b) semicondutor (poliacetileno sem dopagem) e (c) condutor (cobre).

As bandas virtuais são as bandas condutoras. Nelas, os elétrons se deslocam livremente pelo material. No caso do isolante, a distância energética entre o nível de energia maior da banda ocupada (denominado nível de Fermi) e a banda virtual é grande, de modo que a possibilidade de um elétron superar essa diferença de energia é muito restrita. Antes disso, o material pode entrar em ignição.

Já no caso do semicondutor, a diferença de energia entre as duas bandas (E_{GAP}, do inglês *gap*, que significa diferença, fenda) pode ser da ordem de 2 eV e um aumento da temperatura pode favorecer

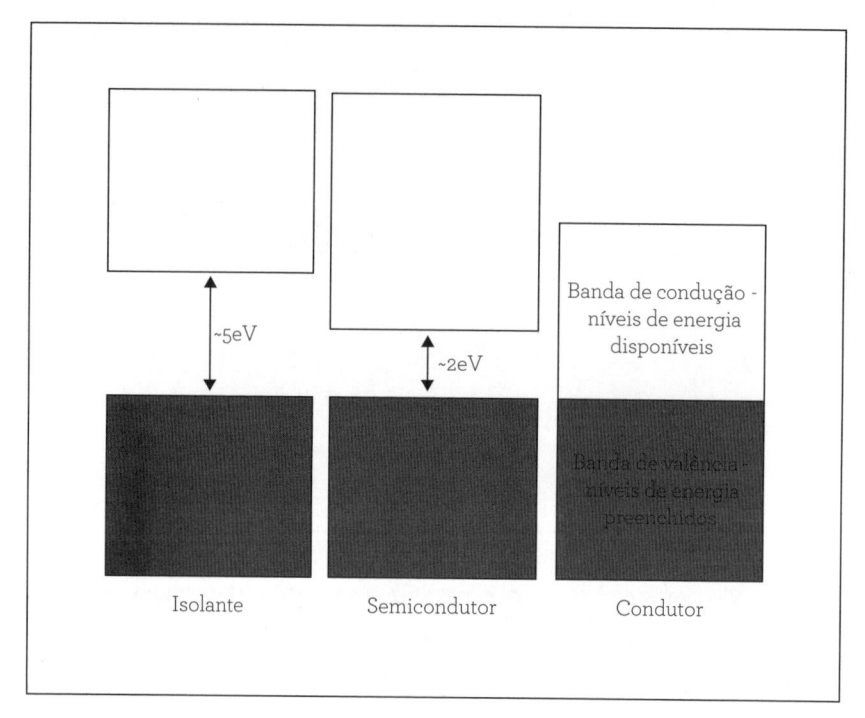

FIGURA 13.1. Representação de três tipos de sólidos do ponto de vista de seu comportamento como condutor elétrico: (a) isolante, (b) semicondutor e (c) condutor metálico. As bandas escuras estão preenchidas de elétrons (chamadas de bandas de valência) e as claras (virtuais) estão vazias.

a condutividade. Aplica-se nesse caso a Lei de Boltzmann (13.1), como mostrado a seguir:

$$N_C/N_V = \exp(-E_{GAP}/kT) \qquad (13.1)$$

Na equação 13.1, N_C e N_V são símbolos para o número de elétrons nas bandas de condução e de valência, respectivamente. T é símbolo para temperatura absoluta e k é a constante de Boltzmann ($k = 1,38 \cdot 10^{-23}$ J.K^{-1}).

Dessa forma, um material semicondutor pode adquirir propriedades condutoras em determinadas condições.

A situação é bem diferente no caso dos metais. O nível de Fermi atinge a banda condutora, ou ainda se encontra dentro dela. Desse modo, há elétrons disponíveis para a condução e a aplicação de um potencial os movimenta, com a condutividade característica de cada metal.

No caso dos metais, temperaturas altas decrescem a condutividade. Isso porque, no caso metálico, os elétrons se movimentam sobre uma estrutura mais ou menos rígida dos átomos subjacentes. Ao se aumentar a temperatura, aumenta-se também o movimento de vibração entre os átomos e, então, há a desordem em geral.

O fenômeno de fotocondutividade é intensamente utilizado em nossa civilização, em diversos artefatos. A radiação eletromagnética dos artefatos pode estar na região visível do espectro, ou na região ultravioleta. Por exemplo, uma porta de elevador se abre sem percebermos que interrompemos o feixe de luz ultravioleta.

A radiação eletromagnética transporta energia (veja a equação 13.2). Essa energia pode ser eficaz para alimentar a banda condutora de semicondutores se:

$$h\nu = E_{GAP} \qquad (13.2)$$

em que h é a constante de Planck (h = $6,626.10^{-34}$ J.s) e ν (s^{-1}) é a frequência da radiação que atinge o material. Enquanto a fonte de luz permanecer acesa, o fenômeno de fotocondução continuará.

14

O DEBATE SOBRE AS MUDANÇAS CLIMÁTICAS

14.1 FATORES QUE DETERMINAM O CLIMA DO PLANETA

Acredita-se que plantas e algas, ou seja, seres vivos multicelulares, existam no planeta há um bilhão de anos. Muitos eventos graves aconteceram com o clima, mas não o suficiente para acabar com os seres vivos.

O sol tem sido e continua sendo o grande controlador do nosso clima. A energia que emana dele não é uma constante, mas há mudanças periódicas. A mais bem conhecida refere-se às manchas solares, de uma periodicidade de aproximadamente 11 anos. Mas há outros fenômenos periódicos de duração de milhares ou mais anos, alguns até que não conhecemos.

Importante também é lembrar que as condições reinantes no sistema planetário são influenciadas pelas características da região da galáxia que ele atravessa.

O planeta, no entanto, não é espectador indiferente com relação ao seu clima. Em primeiro lugar, estão os vários movimentos da Terra em torno do Sol e com relação ao seu próprio eixo. Esses são movimentos bem conhecidos, com influência sobre as estações, o dia e a noite, etc.

Também acontecem eventos na superfície e na atmosfera que participam da determinação da temperatura e da sua variação. Iremos relatar os que podem ser considerados mais relevantes. Em primeiro lugar, 70% da superfície da terra está coberta por água, com poderoso efeito "amortecedor" de estações rigorosas. Todos sabem que o clima na proximidade do oceano costuma ser mais ameno do que no interior dos continentes, o que se deve ao alto calor específico da água, que exige muito calor para elevar sua temperatura e depois fica relutante para liberar o calor adquirido.

Ainda mais importante é o efeito estufa. Da forma como é tratado na mídia e nas diversas conferências e debates, ele parece ser um vilão. No entanto, foi o efeito estufa que permitiu a conservação da vida na terra durante os períodos glaciais. Funciona com a concentração de gases na alta atmosfera, os quais devolvem para a superfície parte da radiação calórica, que, de outro modo, escaparia para o espaço.

O principal desses gases é o vapor de água, responsável por 95% do efeito estufa[27], tendo o homem pouco ou nada a ver com a quantidade de vapor de água total (uma quase constante). Contribuem também o dióxido de carbono (CO_2), 3,62% (natural e antropogênico), metano (CH_4), 0,36%, óxido nitroso (N_2O), 0,95% e vários outros gases, 0,07%. Do total de dióxido de carbono, 96,78% é de origem natural e 3,22% é produzido pelo homem.

14.2. EXTRAPOLAÇÃO E MODELOS

A nomeação pela ONU do extenso grupo de climatólogos (IPCC, do inglês *Intergovernmental Panel on Climate Change*) denominado Painel Intergovernamental de Mudanças Climáticas nasce marcado pela tarefa de estudar as mudanças climáticas. Para um pensamento científico, a tarefa parece ser estudar as *causas* das mudanças, mas não se as tais mudanças realmente existem. Então, os diversos governos indicam pessoas com essa tarefa. E quais são os critérios para as escolhas dos membros do Painel pelos governos?

O IPCC extrapola comportamentos para tempos futuros. Extrapolar é um exercício delicado. Quanto mais nos afastamos das ciências ditas exatas, mais arriscado fica extrapolar comportamentos.

Em 1968, o autor Paul Ehrlich, com seu livro *A bomba populacional*, extrapolou as tendências de crescimento populacional do planeta e previu uma catástrofe causada pelo excesso de habitantes nas décadas de 1970 e 1980. No entanto, o país mais populoso do planeta, a China, estabeleceu a rígida regra de controle populacional: os casais podem apenas ter um filho. Por esse e outros motivos, o crescimento populacional desacelerou e já há países na Europa com crescimento negativo. Houve e há fome, guerras, catástrofes e epidemias, mas por causas geopolíticas ou meramente naturais.

Em contrapartida, o que aumentou foi a expectativa de vida do ser humano, tanto em países ricos como emergentes. Isso, sim, é uma aventura nova e crucial para nossa civilização.

O clima, no jargão científico da moda, é um sistema complexo, que contém muitos "compartimentos" agindo uns sobre os outros, das mais variadas formas. Então, os estudiosos do clima criam modelos, os programam e resolvem no computador. O resultado depende do modelo e o modelo depende de quem o cria.

14.3. POLUIÇÃO

Ao longo deste texto, deve ter ficado clara a preocupação com a poluição. Não se advoga pela continuação do emprego dos combustíveis fósseis, mas pela sua substituição. Apenas colocamos que isso não pode acontecer de imediato, mas é um processo que deve ser estimulado.

Existe também o tipo de poluição que não está diretamente envolvido com a produção de energia, mas com as mais diversas atividades do ser humano. A poluição é tão óbvia, visível e gritante, que já não passa despercebida às pessoas, as quais certamente sofrem com ela. São exemplos: esgotos não tratados, águas contaminadas, cidades com solo impermeável, bueiros entupidos, gases tóxicos, alimentos com agrotóxicos e assim por diante.

A poluição é uma das ameaças de nosso planeta, assim como também são as guerras, os novos micro-organismos, a falta de alimentos, as catástrofes naturais, etc.

15

COMENTÁRIOS INICIAIS SOBRE O DESASTRE NUCLEAR EM FUKUSHIMA

Levará ainda bastante tempo antes de se ter uma avaliação completa do desastre de Fukushima, onde o drama humano maior foi provocado pelo terremoto e pelo *tsunami*.

Passaram-se 25 anos desde o desastre nuclear de Chernobyl, ainda hoje cidade-fantasma e terra arrasada. Em Chernobyl, o césio contaminou em cadeia: o solo, a vegetação que extrai nutrientes do solo, o gado que se alimentava dessa vegetação, as pessoas que tomaram o leite de vacas contaminadas.

Por enquanto, a crise no Japão aparece como mais próxima do acidente de Three Mile Island em 1979, mesmo que ainda haja muita falta de informação. Na usina soviética, houve explosão do reator, enquanto, na americana, houve derretimento parcial das varetas de combustível. Esse parecia ser o caso no Japão, mas lá houve morte por radiação, o que não aconteceu em Three Mile Island.

Os autores agradecem aos alunos de pós-graduação do Instituto de Química de São Carlos, Universidade de São Paulo, Orlando Lima de Souza Ferreira e Felipe Ibanhi Pires pela colaboração para estes comentários.

Muito ainda resta por ser determinado no caso do Japão: contaminação do ambiente, ar, água e solo, peixes, países vizinhos, etc.

Qual é a reação mundial? Preocupação e cautela no início. Alguns governos reagem: Alemanha e Suíça desistem da energia nuclear; nada garante que governos futuros não voltem a ela. O povo italiano votou contra as usinas nucleares, mas essa posição não pode ser atribuída a Fukushima, já que, em referendo anterior, os italianos manifestaram a mesma opinião.

Interessante é mesmo a manifestação do governo do Japão de que continuará utilizando a energia nuclear, apesar da instabilidade geológica das ilhas e de o Japão ser o primeiro importador mundial de carvão e o segundo importador de petróleo.

Pode-se prever que o debate sobre esse tema continuará com certa vantagem temporária para os opositores da energia nuclear. Vantagem que aos poucos irá se apagando, ao mesmo tempo em que a memória de Fukushima ficará mais pálida, até a próxima inevitável catástrofe.

NOTAS

1. Cardoso, José Roberto. "Escolas demais, engenheiros de menos". Disponível em: http://www.estadao.com.br/estadaodehoje/20100720/not_imp583540,0.php; acessado em 4/6/2011.
2. Primi, Lilian. "Notáveis criam plano para intervir na engenharia". Disponível em: http://economia.estadao.com.br/noticias/Economia+,notaveis-criam-plano-para-intervir-na-engenharia,not_34361.htm; acessado em 4/6/2011.
3. Primi, Lilian & Mandelli, Mariana. "MEC revisa graduações e reduz variedade de cursos de Engenharia". Disponível em: http://www.estadao.com.br/estadaodehoje/20100922/not_imp613349,0.php; acessado em 4/6/2011.
4. Primi, Lilian. op. cit., 2010.
5. Gonçalves, Glauber. "O avanço do ensino dentro das empresas". Disponível em: http://www.estadao.com.br/estadaodehoje/20101101/not_imp633033,0.php; acessado em 4/6/2011.
6. http://colunas.imirante.com/dimas/2011/02/07/
7. Ver, por exemplo, http://busTV.com.br/portal/
8. Cardoso, José Roberto, op. cit., 2010.
9. Os comentários não se aplicam à carreira de Engenharia Química, que deve exigir um treinamento específico e de alta qualidade nessa área.

10. Catalisador é uma substância, metal ou superfície que acelera determinada reação química.
11. Luna, Denise & Khalip, Andrei. "Petrobras descobre reserva gigante de petróleo; ações disparam". Disponível em: http://br.reuters.com/article/topNews/idBRN0820855620071108; acessado em 08/06/2011.
12. D'Agosto, M. A. & Ribeiro, S. K. "Renewable and Sustainable Energy Reviews". s.l., s.e., 2009, 13, 1326-1337.
13. O brasileiro é o segundo ou terceiro maior consumidor mundial de cerveja, ficando atrás dos alemães, é claro. Deixamos em aberto se isso é um mérito ou não, mas ter reciclado 98% das latas de alumínio em 2009, certamente é um sucesso ambiental e comercial impressionante.
14. O octano possui dezoito isômeros. Você é capaz de desenhar as fórmulas e dar o nome químico de todos eles?
15. No caso da gasolina, normalmente utilizada, uma mistura, o valor seria da ordem de -34.800 kJ/L.
16. O leitor pode procurar os dados referentes ao etanol e realizar o cálculo desse caso.
17. U.S. Department of Energy. "Data, Analysis and Trends: Light Duty E85 FFVs in Use". Disponível em: http://www.afdc.energy.gov/afdc/data/vehicles.html; acessado em 9/6/2011.
18. Folha Online. "Veículos flex somam 6 milhões e alcançam 23% da frota". Disponível em: http://www1.folha.uol.com.br/folha/dinheiro/ult91u428265.shtml; acessado em 9/6/2011.
19. Kroh, Eric. "FFVs flourish in Sweden". Disponível em: http://www.ethanolproducer.com/articles/4463/ffvs-flourish-in-sweden; acessado em 9/6/2011.
20. Teich, Daniel Hessel. "A consagração do carro flex". Disponível em: http://exame.abril.com.br/revista-exame/edicoes/0870/noticias/a-consagracao-do-carro-flex-m0082581; acessado em 9/6/2011.
21. BP Statistical Review of World Energy 2010, BP p.l.c.
22. Para que se seja justo com o sol, não se deve esquecer que os combustíveis fósseis são também resultado de fotossíntese em épocas geológicas remotas.
23. Segundo dados para 2008 fornecidos pelo Department of Energy (EUA).

24. BP Statistical Review of World Energy 2010. Figura 5.1 reproduzida com autorização da British Petroleum.
25. Ver texto especial sobre o vazamento nuclear da usina de Fukushima no Capítulo 15.
26. Em agosto de 2011, o jovem norte-americano de 13 anos Aidan Dwyer construiu uma cela solar na forma de um caule de planta, sendo esta mais eficiente que as celas planas comuns.
27. O leitor interessado em se aprofundar nesta matéria encontrará abundante informação na *web*. Os poucos dados numéricos apresentados neste texto foram extraídos de http://www.geocraft.com/WVFossils/greenhouse_data.htlm.

SUGESTÕES DE LIVROS PARA CONSULTA

Atkins P, Jones L. Princípios de química: questionando a vida moderna e o meio ambiente. Tradução de Ricardo Bicca de Alencastro. 3.ed. Porto Alegre: Bookman, 2007.

Mahan RJM. In: Toma HE (coord.). Química: um curso universitário Bruce M. Tradução de Koiti Araki, Denise de Oliveira Silva, Flávio Massao Matsumoto. 4.ed. São Paulo: Edgard Blücher, 1995.

Solomons TWG, Fryhle CB. Química orgânica. Tradução de Robson Mendes Matos. 8.ed. Rio de Janeiro: LTC, 2005. 3 volumes.

Tipler PA, Mosca G. Física para cientistas e engenheiros. Tradução e revisão técnica de Paulo Machado Mors, Naira Maria Balzaretti, Márcia Russman Gallas. 6.ed. Rio de Janeiro: LTC, 2009. 3 volumes.

ÍNDICE REMISSIVO

A
adenosina trifosfato 23
agronegócio xx
agrotóxicos 55
álcool xx
aldeído 21
alotrópico 15
anel alifático 2
anel benzênico 2
Angra 40
ânions 48
ânodo 35
antidetonante 11
ATP 23

B
biodiesel 30
Bric xiii

butano 28

C
calor de combustão 12
cana-de-açúcar xii
carboidrato 22
carro elétrico 32
carvão 1
cátion 43
cátodo 36
cela a combustível 33
cetonas 21
Chernobyl 40
clorofila 19
comburente 14
combustão 10
combustíveis fósseis 33
commodities xii

condutor 65
condutores elétricos 61
corrente elétrica 35
cracking 6

D
dióxido de carbono 5
dióxido de enxofre 25
dopantes 62

E
efeito fotovoltaico 58
eletricidade 32
eletrólito 36
elétrons 43
Embraer xiv
Embrapa xiii
endotérmicas 14
energia
    das marés 59
    das ondas 59
    elétrica 34
    eólica 31, 53
    hidroelétrica 37
    nuclear 39
    solar 57
enriquecimento do urânio 51
entalpia 12
esgoto 60
estado-padrão 28
etano 25

etanol xvii
exotérmica 13

F
fissão nuclear 41
fotocondutividade 67
fotossíntese 19
Fukushima 73
fusão nuclear 42

G
gás natural 5
gasolina 8
glicose 21

H
hidrocarbonetos 10
hidrogênio 31

I
íons fosfato 23
iso-octano 11
isótopos 45
Itaipu 38

L
lixo 60
luz solar 56

M
metano 6

metanol 34
moléculas aromáticas 3
monóxido de carbono 29

N
nitrogênio 26
número atômico 43

O
oil barrel 7
óleo diesel 30

P
parafina 29
partículas 46
Petrobras xv
petróleo xxi
polímero 63
pré-sal xxi
Proálcool xiv
prótons 43

R
radiação 46
radiação β- 46

radiação γ 47
radioisótopos 45
reação em cadeia 42, 51
região visível do espectro 67
represas 38

S
semicondutor 65
sistemas híbridos 58
supercondutores 62

T
tabela periódica 48
teoria de bandas 65
termodinâmica 12
terras raras 49
Three Mile Island 40
transporte de energia elétrica 61
turbinas 37

U
urânio 235 50
usinas nucleares 50

1																	18
1 H Hidrogênio [1.007; 1.009]	2											13	14	15	16	17	2 He Hélio 4.003
3 Li Lítio [6.938; 6.997]	4 Be Berílio 9.012				número atômico Símbolo Nome peso atômico padrão							5 B Boro [10.80; 10.83]	6 C Carbono [12.00; 12.02]	7 N Nitrogênio [14.00; 14.01]	8 O Oxigênio [15.99; 16.00]	9 F Flúor 19.00	10 Ne Neônio 20.18
11 Na Sódio 22.99	12 Mg Magnésio 24.31	3	4	5	6	7	8	9	10	11	12	13 Al Alumínio 26.98	14 Si Silício [28.08; 28.09]	15 P Fósforo 30.97	16 S Enxofre [32.05; 32.08]	17 Cl Cloro [35.44; 35.46]	18 Ar Argônio 39.95
19 K Potássio 39.10	20 Ca Cálcio 40.08	21 Sc Escândio 44.96	22 Ti Titânio 47.87	23 V Vanádio 50.94	24 Cr Cromo 52.00	25 Mn Manganês 54.94	26 Fe Ferro 55.85	27 Co Cobalto 58.93	28 Ni Níquel 58.69	29 Cu Cobre 63.55	30 Zn Zinco 65.38(2)	31 Ga Gálio 69.72	32 Ge Germânio 72.63	33 As Arsênico 74.92	34 Se Selênio 78.96(3)	35 Br Bromo 79.90	36 Kr Criptônio 83.80
37 Rb Rubídio 85.47	38 Sr Estrôncio 87.62	39 Y Ítrio 88.91	40 Zr Zircônio 91.22	41 Nb Nióbio 92.91	42 Mo Molibdênio 95.96(2)	43 Tc Tecnécio	44 Ru Rutênio 101.1	45 Rh Ródio 102.9	46 Pd Paládio 106.4	47 Ag Prata 107.9	48 Cd Cádmio 112.4	49 In Índio 114.8	50 Sn Estanho 118.7	51 Sb Antimônio 121.8	52 Te Telúrio 127.6	53 I Iodo 126.9	54 Xe Xenônio 131.3
55 Cs Césio 132.9	56 Ba Bário 137.3	57-71 Lantanídeos	72 Hf Háfnio 178.5	73 Ta Tântalo 180.9	74 W Tungstênio 183.8	75 Re Rênio 186.2	76 Os Ósmio 190.2	77 Ir Irídio 192.9	78 Pt Platina 195.1	79 Au Ouro 197.0	80 Hg Mercúrio 200.6	81 Tl Tálio [204.3; 204.4]	82 Pb Chumbo 207.2	83 Bi Bismuto 209.0	84 Po Polônio	85 At Astato	86 Rn Radônio
87 Fr Frâncio	88 Ra Rádio	89-103 Actinídeos	104 Rf Rutherfórdio	105 Db Dúbnio	106 Sg Seabórgio	107 Bh Bório	108 Hs Hássio	109 Mt Meitnério	110 Ds Darmstádtio	111 Rg Roentgênio	112 Cn Copernício						

57 La Lantânio 138.9	58 Ce Cério 140.1	59 Pr Praseodímio 140.9	60 Nd Neodímio 144.2	61 Pm Promécio	62 Sm Samário 150.4	63 Eu Európio 152.0	64 Gd Gadolínio 157.3	65 Tb Térbio 158.9	66 Dy Disprósio 162.5	67 Ho Hólmio 164.9	68 Er Érbio 167.3	69 Tm Túlio 168.9	70 Yb Itérbio 173.1	71 Lu Lutécio 175.0
89 Ac Actínio	90 Th Tório 232.0	91 Pa Protactínio 231.0	92 U Urânio 238.0	93 Np Netúnio	94 Pu Plutônio	95 Am Amerício	96 Cm Cúrio	97 Bk Berquélio	98 Cf Califórnio	99 Es Einstênio	100 Fm Férmio	101 Md Mendelévio	102 No Nobélio	103 Lr Laurêncio

Impressão e Acabamento
Bartira
Gráfica
(011) 4393-2911